Collin Croome & Christian Gleich
Praxisbuch Metaverse

Wir übernehmen Verantwortung! Ökologisch und sozial!

- Verzicht auf Plastik: kein Einschweißen der Bücher in Folie
- Nachhaltige Produktion: Verwendung von Papier aus nachhaltig bewirtschafteten Wäldern, PEFC-zertifiziert
- Stärkung des Wirtschaftsstandorts Deutschland: Herstellung und Druck in Deutschland

COLLIN CROOME & CHRISTIAN GLEICH

PRAXISBUCH
METAVERSE

NUTZEN SIE DIE INTERNET-REVOLUTION
FÜR IHR UNTERNEHMEN

Bibliografische Information der Deutschen Nationalbibliothek

Die Deutsche Nationalbibliothek verzeichnet diese Publikation in der Deutschen Nationalbibliografie; detaillierte bibliografische Daten sind im Internet über http://dnb.d-nb.de abrufbar.

ISBN 978-3-96739-141-1

Lektorat: Anja Hilgarth, Herzogenaurach
Korrektorat: Sandra Bollenbacher, Heidelberg | www.rotstift.art
Umschlaggestaltung: Martin Zech Design, Bremen
Umschlagkonzept: Collin Croome, Martin Zech Design, Bremen
Satz und Layout: Das Herstellungsbüro, Hamburg | buch-herstellungsbuero.de
Druck und Bindung: Salzland Druck, Staßfurt

Wir drucken in Deutschland.

www.gabal-verlag.de
www.gabal-magazin.de
www.facebook.com/Gabalbuecher
www.twitter.com/gabalbuecher
www.instagram.com/gabalbuecher

PEFC zertifiziert
Dieses Produkt stammt aus nachhaltig bewirtschafteten Wäldern und kontrollierten Quellen.
www.pefc.de

Inhalt

Für einen besseren Lesefluss haben wir auf geschlechtsbezogene Formulierungen verzichtet. Selbstverständlich sind immer alle Geschlechter gemeint, auch wenn explizit nur eines angesprochen wird.

Vorwort

Am 31. Mai 2016 hatte ich das große Vergnügen – im Rahmen der Zukunftskonferenz Latitude 59 in Tallinn, Estland – ein äußerst inspirierendes Gespräch mit dem US-amerikanischen Risikokapitalgeber Tim Draper zu führen. Er ist bekannt für seine Investitionen in junge und innovative Unternehmen, die er für zukunftsweisend hält. Wir unterhielten uns über die Möglichkeiten von Virtual Reality (VR) und Künstlicher Intelligenz (KI) sowie über deren Auswirkungen auf die Zukunft der Menschheit. Tim war, so wie ich, als Keynote Speaker zu dieser hochkarätigen Veranstaltung eingeladen und er erzählte mir lebhaft von den neuesten Innovationen seiner VR- und KI-Start-ups und wie sie das Potenzial haben, die Art und Weise, wie wir leben und arbeiten, grundlegend zu verändern.

Zurück in Deutschland war ich euphorisch und in bester Laune, den virtuellen Welten »auf den Grund zu gehen«. Schon damals gab es erste professionelle Anwendungen dieser Technologien, aber auch kontroverse Diskussionen über die Auswirkungen auf unsere Industrie und Wirtschaft. Mir wurde klar, vor welchen elementaren Veränderungen die Branche steht und wie wichtig es ist, frühzeitig über Chancen wie auch über ethische Fragen rund um VR und KI zu sprechen und Lösungen dafür zu entwickeln. Tim Drapers Visionen und Einschätzungen waren für mich äußerst inspirierend und haben mir gezeigt, dass es noch immer viele Möglichkeiten gibt, die Zukunft aktiv mitzugestalten.

Dann, im Jahr 2021, bekam ich die Gelegenheit, an einem Beta-Test des Metaverse von Facebook teilzunehmen. Ich war sofort begeistert von der realistischen und immersiven Welt, die sich mir bot. Als technisch interessierter Mensch verbrachte ich jede freie Minute damit, darin einzutauchen, zu experimentieren und neue Erfahrungen zu sammeln.

Das heutige Metaverse kommt mir vor, als wären wir da, wo wir in den späten 1990er-Jahren mit dem Internet waren: Die wenigsten hätten sich damals vorstellen können, wie elementar wichtig das Internet heute für unser Leben und unsere Wirtschaft sein würde. Und wie uns ein kleiner multifunktionaler Supercomputer namens »Smartphone« 24/7 begleiten und in allen Lebensbereichen unterstützen sollte.

Die Anwendungsmöglichkeiten und Potenziale des Metaverse stehen noch ganz am Anfang und werden die des heutigen PCs und Smartphones langfristig weit in den Schatten stellen. Mit dem Metaverse entsteht gerade eine neue Computerplattform, die unsere derzeitigen Endgeräte auf lange Sicht ersetzen könnte – insbesondere im Hinblick auf den B2B- und Industriesektor.

Wie immer bei neuen und revolutionären Entwicklungen tut Aufklärung not, denn bisher haben sich in der DACH-Region gerade einmal 6 Prozent der Unternehmen mit dem Metaverse beschäftigt.

Das Web3 ist die Vision eines dezentralen Internets, in dem die Blockchain-Technologie die Grundlage bildet. Das Metaverse schafft eine virtuelle Ergänzung zur physischen Welt – eine dreidimensionale Erweiterung des Internets, in die man mithilfe von Augmented Reality (AR) und Virtual Reality (VR) eintauchen kann.

Wenn man sich intensiver damit beschäftigt, wird schnell klar, dass das Metaverse weit mehr ist als nur eine Umgebung zum Spielen und Vergnügen. Es ist auch ein Ort, an dem man produktiv arbeiten kann und an dem man mit anderen Menschen auf eine Weise verbunden ist, die man nur aus der realen Welt kennt.

Seit 2020 wurden unzählige neue Unternehmen rund um das Metaverse-Phänomen gegründet. Großzügig ausgestattet mit Risikokapital, sind die globalen Epizentren nicht mehr nur im Silicon Valley zu finden, sondern auch in den neuen Innovationszentren in Asien, Israel und Dubai.

Inzwischen ist das Metaverse zunehmend in den Medien präsent, zumindest auf den Titelseiten der weltweit führenden Wirtschafts- und Technologiepublikationen, vor allem nachdem Mark Zuckerberg sein Unternehmen in »Meta« umbenannt hat.

Aber es steckt weit mehr dahinter: Facebook ist nicht das Metaverse. Ebenso wenig wie Google und Amazon das Internet sind. Das Metaverse kann gar nicht von einem einzigen Unternehmen erschaffen oder betrieben werden.

Die große Vision des Metaverse ist ein integriertes Ökosystem, das ähnlich wie das Internet funktioniert, aber die Möglichkeit bietet, sich zwischen verschiedenen virtuellen Welten zu bewegen. Es wird erwartet, dass es in Zukunft eine Vielzahl unabhängiger Metaverse-Plattformen mit unterschiedlichen Wirtschaftssystemen geben wird, die einen reibungslosen Transfer von Vermögenswerten und virtuellen Gütern ermöglichen.

»Digital first« wird sich zu »Meta first« weiterentwickeln. So werden zukünftig immer mehr Produkte zuerst in virtuellen Welten vorgestellt, noch bevor es eine physische Version gibt. Auf diese Weise können Unternehmen die Wünsche und Anforderungen ihrer Kunden frühzeitig erkennen und Produkte bei Bedarf anpassen, noch bevor sie kostspielig produziert werden.

Noch wird das Metaverse vorwiegend als eine virtuelle 3D-Welt beschrieben, in der Menschen mithilfe eines Avatars interagieren können. Die Aktivitäten reichen von Freizeit und Spielen bis hin zu beruflichen und kommerziellen Interaktionen, finanziellen Transaktionen oder sogar medizinischen Eingriffen. Aber die Entwicklung schreitet sehr schnell voran, und vor allem der Einsatz im B2B-Umfeld für Unternehmen und die Industrie gewinnt zunehmend an Bedeutung. Weltweit agierende Tech-Unternehmen investieren Milliarden und erweitern ihre Metaverse-Aktivitäten. Fusionen und Übernahmen sind beinahe an der Tagesordnung, sodass die Regulierungs- und Kartellbehörden bereits ein wachsames Auge darauf haben.

In meiner Rolle als Vorstandsvorsitzender der European Blockchain Association (EBA) fasziniert mich naturgemäß vor allem die europäische Perspektive. Während in anderen Teilen der Welt bereits umfassend innovative Anwendungen entwickelt wurden, gibt es in Europa noch viele Chancen und Entwicklungspotenzial. Das bedeutet aber auch, dass wir als Europäer die Möglichkeit haben, von Anfang an bei der Gestaltung des Metaverse aktiv mitzuwirken und unsere eigenen Vorstellungen und Ideen einzubringen.

Wie so oft bei neuen technologischen Entwicklungen wird das Metaverse sowohl Chancen als auch Risiken mit sich bringen, die in diesem frühen Stadium der Entwicklung noch nicht vollständig absehbar sind. Obwohl bereits viele Fragen zur Regulierung sowie zu den sozialen und politischen Implikationen diskutiert werden, ist die synchronisierte Abstimmung von Aktivitäten und Maßnahmen immer auch eine Herausforderung. Die European Blockchain Association stellt sich dieser Herausforderung in ihrer täglichen Arbeit.

Es gibt noch viele offene und ungeklärte Fragen, insbesondere in den Bereichen Wettbewerbsrecht, Datenschutz, Haftung, Finanztransaktionen und ihre Regulierung, Cybersicherheit, Gesundheit, Barrierefreiheit und Inklusion. Es ist noch unklar, ob und welche spezifischen EU-Initiativen erforderlich sein werden, um die Entwicklung des Metaverse proaktiv zu unterstützen und zu fördern. Die EU-Kommission hat zwar derzeit nicht die unmittelbare Absicht, legislative Maßnahmen zu ergreifen, hat aber betont, dass das Metaverse eines der Topthemen für sie ist. Alle 27 Länder der Europäischen Union sind aufgefordert, die Voraussetzungen für den Ausbau und die Nutzung des Metaverse in ihrem Land zu schaffen, damit der gesamte europäische Binnenmarkt von den Möglichkeiten profitieren kann.

Die beiden Autoren des Buches sind sowohl Internet-Pioniere als auch erfahrene Marketing-Experten, die sich seit mehr als 25 Jahren intensiv mit dem Internet, seinem Einfluss und seinen geschäftlichen Potenzialen auseinandersetzen. Sie werden regelmäßig als Keynote Speaker und Metaverse-Experten zu internationalen Veranstaltungen und Konferenzen eingeladen und genießen in Fachkreisen hohes Ansehen.

Collin und Christian verfügen nicht nur über großes Fachwissen und praktische Erfahrungen in Bezug auf das Metaverse, Web3, NFTs und die Blockchain. Sie können ihre Expertise auch kompetent und verständlich vermitteln – vor allem im Hinblick auf die professionellen und praktischen Anwendungsmöglichkeiten.

Das vorliegende Buch richtet sich mit seinen vielen B2B-Fallbeispielen besonders an Entscheider in der Wirtschaft und Industrie. Es ist leicht verständlich, sofort anwendbar und dient als umfassende Inspirationsquelle und Leitfaden für die erfolgreiche Umsetzung im Unternehmen. Die Praxis-Erfahrungen und Fähigkeiten der Autoren garantieren eine hohe Qualität und Glaubwürdigkeit des Buches.

Ich bin mir sicher, dass dieses Buch dazu beitragen kann, das Bewusstsein für das Metaverse zu schärfen und die Diskussion über seine weitreichenden Chancen und Potenziale wie auch seine Herausforderungen anzuregen. Denn ich bin fest davon überzeugt, dass das Metaverse ein Game-Changer für die Zukunft ist, den wir nicht ignorieren dürfen.

In diesem Sinne wünsche ich Ihnen viel Spaß beim Lesen, viel Erfolg bei der Umsetzung und spannende Erfahrungen auf Ihrer Reise ins Metaverse.

Ihr

Dr. Michael Gebert
(Vorstandsvorsitzender der European Blockchain Association)

Ein neues Internet entsteht

Erinnern Sie sich noch an Ihren ersten Kinofilm in 3D? Wie Sie dabei das Gefühl hatten, eine neue Dimension des Kinos zu erleben, weil Sie sich mitten im Film befanden, anstatt ihn nur von außen zu betrachten? Stellen Sie sich nun vor, Sie könnten Ihr Aussehen als Avatar frei gestalten. Als Nächstes tauchen Sie nicht nur räumlich in den Film ein, sondern Sie interagieren in Echtzeit mit Ihrer Umgebung, mit anderen Personen und Objekten, denen Sie in dieser virtuellen Welt begegnen. Herzlich willkommen – Sie befinden sich im Metaverse!

Das Metaverse ist die Vision eines neuen Internets, einer Zukunft, in der die virtuelle und die reale Welt immer mehr miteinander verschmelzen. Im Metaverse werden die Menschen in der Lage sein, vollständig in eine digitale Umgebung einzutauchen, sich dort frei zu bewegen und ihre eigenen Welten, Lieblingsorte und Räume zu erschaffen und zu gestalten.

Ein wesentlicher Aspekt dieser Vision ist, dass das Metaverse auf einem modernen, dezentralen Internet aufbaut, das sich von den heutigen zentralisierten Strukturen unterscheidet. Das bedeutet, dass das Metaverse nicht von einzelnen Organisationen oder Regierungen kontrolliert wird, sondern von einem Netzwerk aus Nutzern, die die Infrastruktur und die Regeln gemeinsam gestalten – dezentral und gleichberechtigt zugleich.

Diese dezentrale Struktur bietet viele Vorteile, insbesondere im Hinblick auf den Datenschutz und die Sicherheit. Nutzer können ihre Daten selbst verwalten und entscheiden, mit wem sie sie teilen, anstatt die Kontrolle darüber den großen Tech-Konzernen oder staatlichen Einrichtungen zu überlassen.

Eine wichtige Rolle in der Vision eines neuen Internets spielt das Potenzial, die Grenzen zwischen verschiedenen Welten und Systemen zu überwinden, die sogenannte Interoperabilität: Nutzer können sich mit ihrer digitalen Identität und ihrem digitalen Eigentum nahtlos zwischen den verschiedenen Plattformen bewegen. Sie können sich mit anderen Menschen in der ganzen Welt verbinden, gemeinsame Interessen verfolgen und ihre Erfahrungen miteinander teilen. Dadurch entstehen neue Gemeinschaften und neue Verbindungen. Dies kann dazu beitragen, die Distanz zwischen den Menschen zu verringern und die Kommunikation und Zusammenarbeit zu verbessern. Typische persönliche Merkmale in Aussehen, Bewegung, Gestik und Mimik werden in dieser neuen Welt durch Avatare ausgedrückt, die so zum digitalen Abbild des realen Gegenübers werden.

Die Technologie und das Organische vereinen sich zu einer neuen Realität, dem Metaverse. Hier wird das Unmögliche wahr und die Grenzen der körperlichen Welt verschwinden. Algorithmen und Pixel bilden die neue DNA dieser digitalen Welt, und die CPU ist das Herz, das alles antreibt. Die Menschen, Umgebungen und Erfahrungen formen die Grundbausteine dieser sich ständig verändernden Welt. Die digitale und physische Realität verschmelzen zu einer »phygitalen« Erfahrung.

Die Vision eines neuen Internets, das Metaverse, ist eine Zukunft, in der sich das tagtägliche Leben immer mehr in digitaler Weise abspielen wird. Jetzt, da wir am Anfang dieses neuen »Zeitalters« stehen, haben alle Beteiligten – die Nutzer, die Entwickler, die Plattform-Anbieter, wirklich alle – die Chance, ihren Beitrag dazu zu leisten, diese nächste Realität zu einer besseren Welt mit positiven Erfahrungen und angenehmer Atmosphäre zu machen. Einer Welt, in der Werte und Tugenden wieder in Mode kommen, in der Toleranz und Respekt selbstverständlich sind und die ursprüngliche »Netikette« des originären Internets als Grundlage dient.

Wie bei allen großen Innovationen und bahnbrechenden Veränderungen liegen noch viele Herausforderungen vor uns, aber wir haben die Chance, das Metaverse zu einer wahrhaft großartigen, produktiven und schönen neuen Welt zu machen.

1. Was ist das Metaverse?

Wir stehen am Anfang einer neuen aufregenden und revolutionären Entwicklung. Das Metaverse wird die Art, wie wir die digitale Welt erleben und nutzen, so grundsätzlich verändern wie die Erfindung des Internets vor 30 Jahren. Im Silicon Valley wird es als das »Next Big Thing« gehandelt – in der Erwartung, dass es in naher Zukunft ebenso bedeutend sein wird wie die Erfindung des Internets, des Smartphones oder der sozialen Medien.

Das Metaverse befindet sich jedoch noch im Anfangsstadium seiner Entwicklung. In vielerlei Hinsicht ist das Metaverse des Jahres 2023 mit dem Internet im Jahr 1993 vergleichbar. Mitte der 1990er-Jahre war es unmöglich, vorherzusagen, wie sich das Internet zu seinem heutigen Ausmaß entwickeln und welchen Stellenwert es in unserer Welt haben wird. Ebenso hätten wir 2005 nicht vorhersagen können, wie groß und einflussreich die sozialen Medien für unsere Gesellschaft, die Medien und die freie Meinungsäußerung werden. In ähnlicher Weise ist es nicht absehbar, welche Auswirkungen und welchen Einfluss das Metaverse auf unser Leben, unsere Wirtschaft, unsere Kultur und unsere Zukunft haben wird. Wir können die Auswirkungen nur erahnen.

Definition des Metaverse

Da das Metaverse im Vergleich zum Internet noch ganz am Anfang seiner Entwicklung steht, gibt es derzeit noch keine allgemeingültige Definition. Ähnlich wie es schwerfällt, das Internet in einem Satz eindeutig zu beschreiben, so lässt sich auch das Metaverse nur aus der Perspektive der Gegenwart betrachten und vage erahnen, wie wir es nutzen werden und welche Möglichkeiten, Ausprägungen und Auswirkungen es in den nächsten Jahren und Jahrzehnten auf unser privates, geschäftliches wie auch gesellschaftliches Leben haben wird.

Wir definieren das Metaverse wie folgt:

Das Metaverse ist die nächste Evolutionsstufe des Internets, in der die virtuelle und die reale Welt immer mehr verschmelzen werden.

Im Metaverse erleben wir eine multimediale, dreidimensionale, virtuelle Welt, in die wir mithilfe einer Virtual-Reality- oder Augmented-Reality-Brille eintauchen und in der wir mit anderen Menschen und virtuellen Elementen interagieren können, ohne dabei die physischen Grenzen der Realität zu spüren.

Mithilfe unseres persönlichen Avatars werden wir in Zukunft immer häufiger in virtuelle Räume und Welten eintauchen, darin arbeiten, spielen, reisen, entspannen, einkaufen, kommunizieren und uns mit anderen austauschen und interagieren.

Das Metaverse ist nicht nur im privaten Umfeld relevant, sondern ermöglicht es Unternehmen, ihre Marken, Produkte und Dienstleistungen für Kunden auf eine völlig neue, immersive* und interaktive Art mit allen Sinnen erlebbar zu machen, wie es in der realen Welt nicht möglich ist. Sie können ihre geschäftlichen Prozesse dadurch effizienter und nachhaltiger gestalten, die Zusammenarbeit innerhalb der Organisation optimieren und sich nach außen als modernes und innovatives Unternehmen positionieren.

Das Metaverse ist wie das Internet ein beständiges und dezentrales Netzwerk, das immer zur Verfügung steht. Es wird von niemandem kontrolliert, lässt sich nicht abschalten und kann von einer theoretisch unbegrenzten Anzahl von Nutzern gleichzeitig genutzt werden.

---

* Der Begriff »immersiv« leitet sich vom Wort »Immersion« ab und beschreibt den Eindruck, vollständig in etwas einzutauchen und das Gefühl zu haben, als sei man in der realen Welt.

Das Metaverse wird das Internet nicht ersetzen, sondern baut auf dessen bestehender Infrastruktur auf und erweitert es um vielfältige neue Möglichkeiten. Es gibt nur ein Metaverse, so wie es nur ein Internet gibt.

Mit dem Metaverse entsteht eine parallele virtuelle Ebene zur realen Existenz, die wir mit all unseren Sinnen wahrnehmen und erleben können. In der wir das Gefühl haben, mitten im Geschehen zu sein und die jeweilige Situation wirklich aktiv zu erleben, anstatt sie (wie heute) nur über einen flachen Bildschirm von außen zu beobachten und passiv zu erfahren.

Mit dem Metaverse entsteht auch ein neues digitales Ökosystem, in dem wir arbeiten, Geschäfte machen, digital bezahlen, virtuelles Eigentum besitzen, Waren oder Dienstleistungen handeln und sogar virtuelle Unternehmen gründen können.

💡 GUT ZU WISSEN

Internet vs. Metaverse

Das **Internet** ist ein global verbundenes Netzwerk aus einer Vielzahl von Computern, das uns Menschen ermöglicht, auf Informationen und Dienste zuzugreifen, miteinander zu kommunizieren und Daten auszutauschen.

Das **Metaverse** wird zu einer globalen Plattform, die auf dem Internet aufbaut und die es uns Menschen ermöglicht, in virtuellen Welten miteinander zu interagieren.

Auch andere, teilweise überraschende und inspirierende Definitionen wollen wir Ihnen nicht vorenthalten: »Das Metaverse ist kein Ort – es ist der Moment, in dem unser digitales Leben für uns mehr wert ist als unser physisches Leben.«[1] Dieser Meinung ist der Tech-Investor Shaan Puri. Auch Mark Zuckerberg erklärt das Metaverse nicht als ein Konstrukt aus miteinander verbundenen virtuellen Welten, sondern beschreibt es als den Zeitpunkt, an dem wir große Teile unserer täglichen digitalen Arbeit und Freizeit in immersiven 3D-Umgebungen mit VR- und AR-Brillen erledigen und verbringen.

Leitlinien für das Metaverse

In naher Zukunft werden wir zunehmend die Möglichkeit haben, in virtuelle Räume und Welten einzutauchen. Wir können dort arbeiten, lernen, spielen, einkaufen, reisen, entspannen, Geschäfte machen, Sport treiben, Kontakte knüpfen und sowohl mit anderen Menschen als auch mit virtuellen Avataren und automatisierten Bots interagieren und kollaborieren. Dies wird es uns ermöglichen, auf eine völlig neue und einzigartige Weise miteinander zu kommunizieren und zu arbeiten.

Für diesen neuen Raum braucht es von Beginn an klare Leitlinien, die dazu beitragen, das Metaverse zu einem fortschrittlichen Ort zu machen, an dem Menschen frei und ungehindert miteinander agieren und partizipieren können. Diese Regeln sollen dafür sorgen, dass das Metaverse ein offener, inklusiver und gemeinschaftlicher Ort ist, an dem wir unsere Kreativität und Produktivität entfalten und uns gegenseitig unterstützen können.

Die folgenden Grundsätze könnten als Basis für die Entwicklung, den Ausbau und den Fortschritt des Metaverse gelten:

Die sieben Grundsätze des Metaverse

1. Offenheit: Das Metaverse soll ein offener Raum sein, in dem Nutzer frei und ohne Einschränkungen interagieren und erleben können.

2. Zugänglichkeit: Das Metaverse soll für alle Menschen zugänglich sein, unabhängig von ihrem Standort, ihren technischen Fähigkeiten und infrastrukturellen Möglichkeiten. ►►

3. Persönliche Freiheit: Nutzer des Metaverse sollen die Freiheit haben, ihre eigene Identität und ihren eigenen Lebensstil auszudrücken.

4. Gleichberechtigung: Alle Nutzer des Metaverse sollen die gleichen Rechte und Möglichkeiten haben, unabhängig von ihrem Alter, Geschlecht, Rasse oder sozialen Status.

5. Gemeinschaft: Das Metaverse soll ein Ort der Gemeinschaft sein, an dem Nutzer sich gegenseitig unterstützen können.

6. Kreativität: Das Metaverse soll ein Raum sein, in dem wir Menschen unserer Kreativität freien Lauf lassen und neue Ideen entwickeln und verwirklichen können.

7. Nachhaltigkeit: Das Metaverse soll ein nachhaltiger Ort sein, der für künftige Generationen erhalten bleibt.

Der renommierte VR-Pionier Tony Parisi hat ebenfalls sieben einfache und nachvollziehbare Regeln für das Metaverse definiert:[2]

1. **Es gibt nur ein Metaverse.**
2. **Das Metaverse ist für alle da.**
3. **Das Metaverse wird von niemanden kontrolliert.**
4. **Das Metaverse ist offen.**
5. **Das Metaverse ist hardwareunabhängig.**
6. **Das Metaverse ist ein Netzwerk.**
7. **Das Metaverse ist das Internet.**

Merkmale des Metaverse

Das Metaverse ist eine virtuelle 3D-Welt, die durch die Erweiterung des Webs um eine dreidimensionale Ebene realistische und immersiv erlebbare Erfahrungen ermöglicht. Dies wird durch Technologien wie Virtual Reality (VR) und Augmented Reality (AR) ermöglicht, die es erlauben, eine räumliche 360-Grad-Darstellung und einen 3D-Surround-Sound zu erzeugen. Dadurch wird das Metaverse zu einem

neuen, intensiven Erlebnis, das Nutzer in kürzester Zeit als real emp-
finden. Das Metaverse wird sowohl in der erweiterten (AR) als auch
in der rein virtuellen Realität (VR) parallel zur realen physischen Welt
koexistieren.

Dezentrale Web3-Technologien wie Blockchain, Kryptowährungen
und Non-Fungible Tokens (NFTs) ermöglichen es, dass Nutzer auch
in der virtuellen Welt echte Werte besitzen und handeln können, was
dazu beitragen kann, dass das Metaverse zu einer Art parallelen Welt
wird, in der Menschen nicht nur zum Vergnügen, sondern auch zu
geschäftlichen und sozialen Zwecken interagieren. (Mehr zum Web3
im nächsten Kapitel; mit NFTs, Blockchain & Co. beschäftigen wir uns
in Kapitel 4.)

Das zukünftige Metaverse wird mehr und mehr mit dem realen Leben
verschmelzen und unsere Gesellschaft und die Art und Weise, wie wir
untereinander kommunizieren, miteinander arbeiten, leben und mit
Unternehmen und Marken interagieren, grundlegend verändern. Es
stellt eine neue Ebene der Verbindungen und Interaktion zwischen
Menschen, Unternehmen, Informationen und Erfahrungen dar.

Das Metaverse hat das Potenzial, ein wichtiger Teil unseres täglichen
Lebens zu werden, so wie es das Internet heute geworden ist. Es kann,
die Art und Weise verändern, wie wir leben und arbeiten, und könnte
weitreichende Auswirkungen auf eine Vielzahl von Branchen, Unternehmen und Dienstleistungen haben.

Es wird nur ein Metaverse geben, so wie es nur ein Internet gibt. Kein
einzelnes Unternehmen wird alle Technologien besitzen, kontrollieren
oder entwickeln, um das Metaverse als Ganzes aufzubauen. Ähnlich
wie es im Internet unterschiedliche Anbieter, Server, Dienste, Websites und Einzelseiten gibt, so wird es im Metaverse viele unterschiedliche Anbieter, virtuelle Welten und eine Vielzahl von Diensten und
Anwendungen geben. Dazu gehören soziale Netzwerke, Spiele, Infor-
mations-, Einkaufs- und Bildungsplattformen ebenso wie Arbeitsum-
gebungen und Tools zur Kommunikation, Zusammenarbeit und dem
Austausch von Informationen und Daten.

Das Metaverse wird Personal Computer und Smartphones kurz- bis mittelfristig nicht ersetzen, sondern vielmehr ergänzen. Die meisten Menschen werden das Metaverse zunächst mit ihren vorhandenen flachen Bildschirmen ohne das immersive Raumgefühl nutzen, da derzeit über 99 Prozent der Bevölkerung noch kein VR- oder AR-Headset besitzen. Intelligente Smart Glasses (oder auch »Daten-Brillen«, die unsere Realität erweitern und zusätzliche Informationen anzeigen) könnten jedoch in den kommenden zehn Jahren die nächste große Computerplattform werden und eine ähnlich wichtige Rolle einnehmen wie das Smartphone heute. Insbesondere, da AR- und VR-Technologien immer leistungsfähiger, benutzerfreundlicher und günstiger werden.

Das Metaverse baut auf einer Vielzahl bestehender Technologien und Komponenten aus Hardware und Software zahlreicher Hersteller auf. Es befindet sich, wie das Internet und alle Technologien, in einem fortwährenden Entwicklungsprozess, der immer schneller voranschreitet und nie abgeschlossen sein wird. Das Metaverse basiert größtenteils auf bereits existierenden Komponenten und wird fortlaufend verbessert und erweitert. Von Zeit zu Zeit wird es grundlegende neue und bahnbrechende Erfindungen oder bedeutende Fortschritte geben, die die weitere Entwicklung dann maßgeblich beeinflussen und beschleunigen. Insbesondere im Bereich der künstlichen Intelligenz und des maschinellen Lernens oder in der mobilen Kommunikation durch 5G hat es in den letzten Jahren enorme Fortschritte gegeben, die sich erst noch flächendeckend auswirken werden.

Denken Sie an das erste Apple iPhone aus dem Jahr 2007, das wir heute als Geburtsstunde des Smartphones betrachten: Es bestand damals aus Hunderten bereits vorhandener Komponenten und Technologien, die von einer Vielzahl unterschiedlicher Firmen entwickelt worden waren. Erst die intelligente Kombination all dieser Einzelteile zu einer neuen Einheit in Verbindung mit einer einfachen und innovativen Benutzeroberfläche per Touchscreen machte das iPhone zu einer neuen Gerätekategorie und verhalf damit dem Smartphone zum Durchbruch. Auch beim Internet waren es die Kombination und intelligente Verknüpfung vieler einzelner Komponenten unterschiedlicher Anbieter sowie die globale Verfügbarkeit und kostenlose Nutzung, die es zu dem gemacht haben, was es heute ist.

Fortschritt entsteht also immer durch die Kombination verschiedener Elemente und durch die intelligente Verknüpfung dieser Bestandteile in innovativer Weise.

Die fortschreitende Verbreitung von erschwinglichen und leistungs-starken Virtual-Reality- und Augmented-Reality-Technologien trägt dazu bei, dass diese Technologien immer mehr in den Alltag der Men-schen integriert werden. Sie bilden eine neue Computerplattform und Gerätekategorie, die sich von der traditionellen Nutzung von stationä-ren Computern hin zu Smartphones entwickelt hat, die heute einen Großteil des Internet-Traffics ausmachen. In naher Zukunft werden wir wahrscheinlich einen beträchtlichen Teil des Internets über eine leichte und smarte Brille erleben.

Es liegen also spannende und bisher noch unerforschte Welten vor uns.

2. Vom Internet zum Metaverse

Durch seine Entwicklung und globale Verbreitung ab Mitte der 1990er-Jahre und vor allem durch das World Wide Web ist das Internet zu einem zentralen und unverzichtbaren Bestandteil unseres modernen Lebens und unserer Wirtschaft geworden. Es hat tiefgreifenden Einfluss auf unsere Gesellschaft, Wirtschaft und Kultur, und es hat die Art und Weise, wie wir heute aufwachsen, lernen, kommunizieren, konsumieren, arbeiten und uns informieren, grundlegend und nachhaltig verändert.

Es ist sehr wahrscheinlich, dass das Metaverse eine ähnliche Auswirkung haben und in Zukunft ein wichtiger Teil unseres täglichen Lebens werden wird – nur wird es diesmal viel schneller gehen!

In diesem Kapitel skizzieren wir die Historie des Internets und wie es den Weg zum Metaverse geebnet hat.

Der Ursprung des Internets

Heute besteht das Internet aus einem riesigen Netzwerk von Computern, Servern, Routern und anderer Hardware sowie einer breiten Palette von Software und Protokollen, die es diesen Geräten ermöglichen, miteinander zu kommunizieren. Es ermöglicht uns heute den Zugriff auf das gesamte Wissen der Menschheit sowie zu einer unendlichen Fülle an Informationen und Medien. Wir können von überall aus auf alle Arten von Daten zugreifen, sie abrufen, nutzen, verändern, speichern und teilen. Immer mehr Dienstleistungen, Angebote und Anwendungen wurden in den letzten Jahren in das Internet und die Cloud verlagert, wo sie jederzeit und von überall aus verfügbar und genutzt werden können – vorausgesetzt, man ist online.

Werfen wir zunächst einen kurzen Blick zurück in die Geschichte: Wie wurde das Internet zu dem, was es heute ist?

Das ARPANET

Die Geschichte des Internets lässt sich bis in die 1960er-Jahre zurückverfolgen, als das US-Militär und Forschungseinrichtungen an dem Projekt ARPANET (Advanced Research Projects Agency Network) arbeiteten. Ziel war es, ein dezentrales Netzwerk von Computern zu schaffen, mit denen Informationen und Ressourcen gemeinsam genutzt sowie die Kommunikation und Zusammenarbeit zwischen Forschern und Regierungsstellen verbessert werden sollten.

Das Projekt hatte jedoch auch einen strategischen militärischen Zweck: Während des Kalten Krieges war die US-Regierung über die Möglichkeit besorgt, dass ein nuklearer Angriff die traditionellen Kommunikationsformen wie Telefonleitungen und Funk unterbrechen könnte. Mit dem ARPANET sollte ein dezentralisiertes Netzwerk geschaffen werden, das auch dann noch funktionieren würde, wenn Teile davon beschädigt oder zerstört würden.

Das ARPANET gilt als wichtiger Wegbereiter des heutigen Internets und wird als ein entscheidender Meilenstein in der Entwicklung der modernen vernetzten Kommunikation angesehen.

In den folgenden Jahrzehnten wuchs und expandierte das Internet, da immer mehr Menschen, Universitäten und Organisationen begannen, es für eine Vielzahl von Anwendungen und Aufgaben zu nutzen. Heute ist das Internet ein elementarer Bestandteil des modernen Lebens und entwickelt sich mit dem technologischen Fortschritt fortlaufend weiter.

Web 1.0

Die Geschichte des Internets, wie wir es kennen und nutzen, begann 1989 mit der Entwicklung des World Wide Web (WWW oder auch Web), als der britische Informatiker Tim Berners-Lee seinem damaligen Arbeitgeber CERN vorschlug, zum leichteren Austausch von Informationen ein öffentlich zugängliches System zu entwerfen.

☀ GUT ZU WISSEN

WWW vs. Internet

Das World Wide Web ist nur eine – wenn auch die populärste – Möglichkeit, das Internet zu nutzen, wird aber oft mit dem Begriff »Internet« gleichgesetzt. Mithilfe des WWW lassen sich HTML-Seiten aufrufen, Informationen mit Hyperlinks verlinken und Daten über Protokolle wie http oder ftp übertragen.

Berners-Lee entwickelte den ersten Web-Server sowie die Programmiersprache HTML (HyperText Markup Language), mit der man Webseiten erstellen, formatieren und untereinander verlinken konnte. Zeitgleich entwarf er den ersten grafischen Web-Browser namens »WorldWideWeb«. Es war ein einfaches, textbasiertes Programm, das es Nutzern ermöglichte, auf Webseiten zuzugreifen, sie anzusehen und über Hyperlinks zwischen ihnen zu navigieren. Noch heute ist HTML die Basis für jede einzelne Internetseite.

Das World Wide Web wurde ursprünglich entwickelt, um den Menschen den Zugang zu Wissen zu erleichtern. Das Web 1.0 war in erster Linie eine Sammlung von statischen Seiten, die von Unternehmen und Organisationen erstellt und gepflegt wurden. Die Websites waren oft einfach, rein informativ und größtenteils nur zum Lesen gedacht. Der Zugriff erfolgte in der Regel über einen stationären Computer mit einem Webbrowser wie Netscape Navigator oder Internet Explorer über eine (nach heutigen Maßstäben) langsame Internetverbindung. Als Anwender konnte man weder mit den Inhalten noch untereinander auf sinnvolle Weise interagieren. So war das erste Web in vielerlei

Hinsicht begrenzt, da es nicht die Art von interaktiven und dynamischen Erfahrungen ermöglichte, die heute üblich sind. Aber das sollte sich bald ändern.

Web 2.0

Der Begriff »Web 2.0« wurde erstmals 2004 von Tim O'Reilly geprägt. Im Gegensatz zum eher statischen Web 1.0 konzentriert sich die zweite Generation des World Wide Web – das auch als »dynamisches Web« bezeichnet wurde – auf die Interaktion, Zusammenarbeit und Vernetzung der Nutzer. Zu den wichtigsten Merkmalen des Web 2.0 gehören soziale Netzwerke, nutzergenerierte Inhalte (UGC – User Generated Content), Online-Communitys und Tools zur Zusammenarbeit wie Blogs, Wikis und Foren.

Mit dem Aufkommen und dem Siegeszug von Social Media, Smartphones und Apps gegen Ende der 2000er-Jahre entwickelte sich das Internet zu einem interaktiven und immer häufiger auch mobil genutzten Web 2.0. Das Internet war quasi immer und überall verfügbar, wurde von Jahr zu Jahr schneller und die Smartphones von Generation zu Generation immer leistungsfähiger und universeller einsetzbar.

Im Web 2.0 können wir also aktiv mitwirken, indem wir selbst Inhalte über unser Smartphone, Tablet oder unseren PC erstellen und diese über soziale Netzwerke oder Apps veröffentlichen. Wir können uns miteinander vernetzen und untereinander austauschen. Dies führte in den letzten zwei Jahrzehnten zur Entstehung vieler neuer Anwendungen, Plattformen und Ökosysteme.

Social Media

»Six Degrees« war die erste bekannte Social-Media-Plattform. Sie wurde 1997 gegründet und ermöglichte es den Nutzern, ein Profil anzulegen, Fotos hochzuladen und sich mit Freunden zu vernetzen. Aber erst mit der Gründung von MySpace und LinkedIn im Jahr 2003 und dem anschließenden Start von Facebook im Jahr 2004 erreichten die sozialen Medien ein breites Publikum. Nach und nach entstanden viele weitere neue Plattformen, wie Twitter, YouTube oder das in Hamburg gegründete OpenBC (heute XING).

Seit der Einführung und der verstärkten Nutzung von Smartphones ist das Wachstum der sozialen Medien explodiert und der Netzwerkeffekt hat dazu geführt, dass heute fast 5 Milliarden Menschen Social-Media-Plattformen nutzen. Mittlerweile sind die sozialen Medien ein allgegenwärtiger Bestandteil unseres Alltags und spielen eine wichtige Rolle dabei, wie wir uns informieren, untereinander kommunizieren und austauschen.

☼ GUT ZU WISSEN

Der Netzwerkeffekt

Der Netzwerkeffekt beschreibt das Phänomen, dass ein Produkt, eine App oder ein Service umso wertvoller wird, je mehr Menschen es nutzen. Das liegt daran, dass dessen Wert oft mit der Anzahl der Menschen steigt, die es nutzen, da es mehr Verbindungen, Interaktionen und Möglichkeiten bietet (so wie bei Facebook, LinkedIn oder WhatsApp).

Der Netzwerkeffekt kann auch zu einer Situation führen, die als »Lock-in« bekannt ist. Dabei wird ein Produkt oder eine Dienstleistung auf dem Markt so dominant, dass es für Konkurrenten schwierig ist, Fuß zu fassen. Auch im Metaverse wird der Netzwerkeffekt darüber entscheiden, welche Plattformen sich in Zukunft durchsetzen werden.

Aktuell befinden wir uns am Übergang zwischen dem Web 2.0 und der nächsten – dritten – Generation des World Wide Web.

Web3

Das Web3 (oder Web 3.0), oftmals auch als »semantisches Web« bezeichnet, ist die nächste Evolution des World Wide Web, die sich darauf konzentriert, die Macht von künstlicher Intelligenz und maschinellem Lernen zu nutzen, um das Web intelligenter und nützlicher zu gestalten. Es zielt langfristig darauf ab, ein Web zu schaffen, das nicht nur eine Sammlung von einzelnen Seiten und Dokumenten ist, sondern ein Netzwerk von intelligent verbundenen Daten, die von Maschinen verstanden und verarbeitet werden können.

Die zunehmende Dominanz und Abhängigkeit von einer kleinen Reihe riesiger zentralisierter Technologie-Unternehmen im Web 2.0 führte in den letzten Jahren immer häufiger zu einem grundsätzlichen Umdenken. So arbeiten zahlreiche Softwareentwickler und Start-ups daran, die Möglichkeiten von Web3 zu nutzen und neue Anwendungen und Technologien zu entwickeln, die die Sicherheit und den Datenschutz im Web verbessern, die Kontrolle über Daten und Informationen zurück in die Hände der Nutzer legen und so dazu beitragen, das Internet zu einem demokratischeren und inklusiveren Ort für alle zu machen.

Das Web3 ist die dritte Generation des World Wide Web und bezieht sich auf die Nutzung von neuen Technologien und Protokollen, die das Internet dezentraler, effektiver und leistungsfähiger machen. Im Gegensatz zum Web 2.0, das auf zentralisierten Plattformen und Diensten wie Social Media und E-Commerce-Plattformen basiert, nutzt das Web3 dezentrale Technologien wie Blockchain und Peer-to-Peer-Netzwerke. Das Web3 fasst die Vision eines neuen World Wide Web zusammen, das auf der Blockchain basiert und Konzepte wie Dezentralisierung und eine auf Token basierte Wirtschaft beinhaltet. Es soll sicherer und resistenter gegenüber Angriffen und Manipulationen werden.

Merkmale von Web3

Web3 basiert auf Technologien, die es ermöglichen, dass Nutzer direkt miteinander interagieren und Daten austauschen, ohne dass eine zentrale Autorität oder Plattform erforderlich ist. Es umfasst eine Reihe von Technologien und Konzepten, darunter Blockchain, dezentralisierte Anwendungen (dApps) und dezentralisierte autonome Organisationen (DAOs). dApps und DAOs laufen auf Blockchain-Plattformen wie Ethereum und bieten den Nutzern die Möglichkeit, ihre eigenen Daten und Vermögenswerte zu verwalten, ohne auf zentralisierte Dienste einer dritten Partei angewiesen zu sein. »DeFi«, oder »Decentralized Finance«, ist ein Begriff, der verwendet wird, um finanzielle Dienstleistungen und Anwendungen zu beschreiben, die auf einer dezentralen Plattform ausgeführt werden. (Mehr zu dApps und DeFi in Kapitel 4.)

Gerade diese Dezentralisierung von Technologien, Netzwerken und Inhalten stellt eine große Chance dar, um das Web3 zu einem weit sichereren Ort zu machen als seine Vorgänger. Daraus ergeben sich die folgenden wesentlichen Vorteile:

- **Höhere Sicherheitsstandards**
  Das Web3 bietet viel höhere Sicherheitsstandards, da es auf Blockchain-Technologien und Kryptographie basiert, die es schwierig machen, Daten zu verändern oder zu fälschen. Dies macht Daten weniger anfällig für Angriffe, da sie nicht von einer einzigen Schwachstelle abhängig sind. Bei Finanztransaktionen wird das Web3 dazu beitragen, die Sicherheit und Effizienz von Transaktionen zu verbessern und das Potenzial für Betrug und andere Formen des Missbrauchs zu verringern.

- **Mehr Datenschutz und Privatsphäre**
  Dezentrale Netzwerke bieten den Nutzern mehr Privatsphäre, da sie ihre Daten direkt mit anderen austauschen können und dies nicht über zentralisierte Plattformen tun müssen, die ihre Daten möglicherweise sammeln und monetarisieren.

- **Zensurresistenz**
  Dezentralisierte Netzwerke sind weniger anfällig für Zensur, da es für Regierungen oder andere Organisationen schwieriger ist, das Netzwerk zu kontrollieren oder zu blockieren.

- **Skalierbarkeit**
  Dezentrale Netzwerke sind in der Regel besser skalierbar, da sie nicht von einem zentralen Standort abhängig sind und daher leichter erweitert und ausgebaut werden können.

- **Inklusion**
  Das Web3 könnte dazu beitragen, die digitale Kluft zu verringern, indem es Nutzern in ländlichen oder weniger entwickelten Gebieten Zugang zu denselben Ressourcen und Möglichkeiten verschafft wie Nutzern in Ballungsgebieten.

Im Vergleich zu zentralen Systemen haben dezentrale Systeme und Netzwerke wie die Blockchain jedoch den großen Nachteil, dass sie in der Regel langsamer sind und weitaus mehr Strom verbrauchen, da sie auf vielen verteilten Computersystemen auf der ganzen Welt verarbeitet werden. Die Geschwindigkeit, Effizienz und damit auch der Energieverbrauch verbessern sich jedoch zunehmend und werden durch die Entwicklung der Quantentechnologie einen enormen Schub erhalten.

Zahlreiche namhafte Unternehmen arbeiten bereits an Web3-Technologien, und große und bekannte Venture-Capital-Fonds auf der ganzen Welt werden Ende 2022 schätzungsweise 90 Milliarden Dollar in Web3-Start-ups investiert haben. Somit kann man davon ausgehen, dass Web3 eine vielversprechende Zukunft hat.[3]

★ EXKURS

Die Macht und die Last der Daten

Die globale Vernetzung und massive Nutzung des Internets in den letzten Jahren haben nicht nur zu einer zentralisierten Speicherung und enormen Monetarisierung unserer Nutzerdaten geführt. Gleichzeitig bildete sich dadurch eine beispiellose Marktmacht und Dominanz der digitalen Konzerne. So waren Anfang 2023 sieben der zehn wertvollsten Unternehmen der Welt Digital-Konzerne, die weitgehend auf digitale und datenbasierte Geschäftsmodelle setzten.

Wir können zwar (theoretisch) selbst entscheiden, welche Informationen wir online teilen und mit wem wir sie teilen. Wir können unsere Privatsphäre-Einstellungen auf Social-Media-Plattformen anpassen, um zu bestimmen, wer unsere Posts sehen kann, und wir können mittlerweile entscheiden, ob wir Apps oder Websites Zugriff auf bestimmte Informationen gewähren. Aber letztlich haben die Unternehmen, die die Plattformen betreiben oder die Betriebssysteme unserer Computer, Tablets und Smartphones entwickeln, nach wie vor Zugriff auf eine Vielzahl unserer Daten und nutzen diese bewusst für verschiedene Zwecke wie Profiling und die Ausspielung gezielter Werbung. ▶▶

Wer heute sein Smartphone, Social Media oder Cloud-Dienste nutzt, kommt nicht umhin, seine Daten anderen Unternehmen anzuvertrauen. Jeder Beitrag, den wir auf sozialen Netzwerken posten, jedes Foto, das wir mit unseren Smartphones aufnehmen, und ein Großteil unserer privaten wie geschäftlichen Daten werden heute auf Cloud-Servern von Google, Apple, Amazon, Meta oder Microsoft gespeichert. Intelligente Algorithmen bestimmen, was wir in den Suchergebnissen finden und in den sozialen Medien sehen, welche Werbung uns angezeigt wird und welche Nachrichten und vermeintlichen »Fakten« wir in unserer individuellen Newsfeed-Filter-Blase angezeigt bekommen.

Im Metaverse können durch Gesichtserkennung, Eye Tracking und Bewegungserkennung zukünftig sogar noch weit mehr wertvolle Daten von uns gesammelt und ausgewertet werden.

Obwohl sich Web3 noch im Anfangsstadium seiner Entwicklung befindet und noch viel getan werden muss, um die Technologie zu verbessern und sie einer breiteren Öffentlichkeit zugänglich zu machen, so verfügt es doch über ein enormes Potenzial, die Art und Weise, wie wir das Internet nutzen, zu verändern.

Die Entwicklung des Metaverse

Der Begriff »Metaverse« wurde erstmals in dem 1992 veröffentlichten Cyberpunk-Roman *Snow Crash* von Neal Stephenson verwendet. Der Roman entwickelte sich zu einem Klassiker der Science-Fiction-Literatur und hinterließ bei vielen Gründern aus dem Silicon Valley einen bleibenden Eindruck. Im 2011 erschienenen Science-Fiction-Roman *Ready Player One* von Ernest Cline wird der Terminus des »Metaverse« erneut aufgegriffen.

In *Snow Crash* beschrieb der Autor bereits vor mehr als 30 Jahren die damals noch futuristischen und heute völlig selbstverständlichen Technologien wie mobiles Computing, drahtloses Internet, digitales Geld, Smartphones sowie Virtual- und Augmented-Reality-Headsets.

Die Geschichte spielt in der düsteren und dystopischen Welt einer nicht allzu weit entfernten Zukunft, die von Hyperinflation, Privatisierung und sozialer Ausbeutung geprägt ist, und beschreibt die Beziehung zwischen Technologie und Gesellschaft. Um dieser Welt zu entfliehen, verbinden sich die dort lebenden Menschen mithilfe von Virtual-Reality-Brillen mit dem Metaverse. Es ist eine Art globale virtuelle Realität, in der Menschen als Avatare in einem dreidimensionalen Raum agieren. Zugang zum Metaverse erhalten sie durch persönliche Terminals, die eine virtuelle Realität auf die vom Nutzer getragene Brille projizieren.

Der Science-Fiction-Roman *Ready Player One* wurde 2011 als Buch veröffentlicht und 2018 eindrucksvoll von Hollywood-Regisseur Steven Spielberg als Spielfilm inszeniert. Er handelt von einer dystopischen Zukunft im Jahr 2045, die von globaler Erwärmung und Energiekrisen geprägt ist. Um ihrer Verzweiflung zu entkommen, suchen die Menschen Zuflucht in einem riesigen Metaverse-Universum namens OASIS – einem virtuellen Multiplayer-Spiel.

Auch wenn der Hollywood-Blockbuster Fiktion ist, so verbindet *Ready Player One* beeindruckend VR-Technologien mit bekannten Elementen aus der Gaming-Szene und vielen Anspielungen aus der Popkultur der 80er- und 90er-Jahre. Der Spielfilm zeigt eindrucksvoll, wie ein zukünftiges Metaverse mit virtuellen Avataren aussehen und funktionieren könnte. Er zeigt aber auch die dystopischen Auswüchse einer total immersiven Welt jenseits der Realität und stellt die Abhängigkeit des Menschen von der Technologie sowie das Machtstreben einzelner Megakonzerne dar. Der Film ist ein Muss für jeden, der sich mit dem Metaverse beschäftigt.

Die virtuelle Welt »Second Life«

Das 2003 von dem US-Unternehmen Linden Lab entwickelte »Second Life« ist eine virtuelle Online-Welt für Mac und PC, die von *Snow Crash* inspiriert wurde. Die Plattform ermöglicht es Nutzern, ihre eigenen 3D-Avatare zu erstellen und mit anderen Menschen in einer digitalen Welt zu kommunizieren und zu interagieren, Spiele zu spielen, Handel zu treiben und sogar ihre eigenen virtuellen Unternehmen zu gründen.

In Second Life gibt es eine eigene digitale Währung, den Linden-Dollar, die in reales Geld getauscht werden kann. Nutzer können Linden-Dollar verwenden, um virtuelle Güter wie Kleidung, Fahrzeuge, Kunstwerke oder sogar Grundstücke zu kaufen. Die Plattform bietet auch Werkzeuge, mit denen Nutzer eigene 3D-Objekte erstellen und in der virtuellen Welt verkaufen können. Second Life hat sich zu einer beliebten Plattform für die Erkundung von neuen Ideen und die Entwicklung von virtuellen Gemeinschaften entwickelt.

Der große Erfolg blieb indessen aus. Zehn Jahre nach seiner Gründung hatte die Plattform gerade eine Million aktive Nutzer. Zahlreiche Unternehmen und Organisationen, wie BMW, Reebok, Greenpeace und sogar die Deutsche Post, eröffneten zwischen 2007 und 2009 virtuelle Niederlassungen im Second Life. Diese wurden für PR- und Marketing-Zwecke genutzt, jedoch aufgrund zurückgehender Nutzerzahlen und mangelndem Interesse bald wieder aufgegeben.

Second Life wird oftmals als Paradebeispiel für das Scheitern des Metaverse bezeichnet. »Haben wir alles schon gesehen – hat nicht funktioniert« oder »Das Metaverse braucht kein Mensch – ich lebe lieber in der echten Welt« lautet so manche Behauptung. Aber dieser simple Vergleich ist in mehrfacher Hinsicht unzutreffend.

Das Beispiel »Second Life« zeigt eindrucksvoll, dass es Technologien gibt, die zwar innovativ und zukunftsweisend erscheinen, aber noch nicht ausgereift sind, um auf dem Markt erfolgreich zu sein. Ähnlich wie der Apple Newton oder Google Glass wurde Second Life zu früh auf den Markt gebracht und war noch nicht reif für den Masseneinsatz. Trotz seiner innovativen Grundidee hatte Second Life Schwierigkeiten, sich auf dem Markt zu etablieren und zu überzeugen. Es konnte die Bedürfnisse und Erwartungen der Nutzer nicht erfüllen. Weder die Menschen noch die Technologie waren Anfang der 2000er-Jahren bereit für virtuelle Welten.

Die Geschichte von Virtual Reality

Virtuelle Realitäten sind nichts grundlegend Neues. Die Urahnen der virtuellen Realität reichen bis in die frühen Tage der Menschheit zurück, als Menschen dazu neigten, sich in Fantasiewelten und mythische Landschaften zu flüchten, um sich von der Realität abzulenken. Im Laufe der Geschichte haben sich verschiedene Technologien und Ideen entwickelt, die als Vorläufer der VR betrachtet werden können.

- Das **Panoramatheater** war ein Theater, das in den 1790er-Jahren in Europa populär wurde und in dem Zuschauer ein 360-Grad-Panoramabild einer Stadt oder Landschaft betrachten konnten. Das Panoramatheater war eine frühe Form der VR, die es Nutzern ermöglichte, in eine virtuelle Welt einzutauchen und sie von allen Seiten zu betrachten.

- Das **Sensorama** war eine frühe VR-Maschine, die in den 1950er-Jahren entwickelt wurde. Sie bestand aus einem Sessel, auf dem der Zuschauer stereoskopisch Filme anschauen konnte, die von mehreren Projektoren gleichzeitig auf verschiedene Bildschirme projiziert wurden und so einen Eindruck von räumlicher Tiefe vermittelten. Das System verwendete sogar Geräuscheffekte, Wind und Gerüche, um ein immersives Erlebnis zu schaffen.

- Das **Damocles Sword** wurde 1968 entwickelt und gilt heute als eine der ersten »echten« VR-Brillen. Die Brille wurde als »Schwert von Damokles« bezeichnet, da sie allein 45 Kilogramm wog und an einem Seil von der Decke hing. Die Brille war mit zwei Bildschirmen ausgestattet und zeigte dreidimensionale Modelle, die in Echtzeit von einem Computer generiert wurden.

- In den 1980er- und 1990er-Jahren gab es dann **erste kommerzielle VR-Produkte**, die von Spieleherstellern wie Atari,

Nintendo und Sega entwickelt wurden. Sie hatten jedoch noch sehr primitive Grafiken und waren für die damaligen Verhältnisse teuer.

- Erst seit 2020 haben sich die **VR-Systeme deutlich verbessert** und sind leistungsfähiger sowie bezahlbar geworden. Die Headsets werden immer kleiner, leichter, preiswerter und gleichzeitig leistungsfähiger. Brauchte man bis vor Kurzem noch einen Highend-PC mit einer äußerst leistungsfähigen Grafikkarte, die per Kabel mit der VR-Brille verbunden war, so sind die neuen Geräte autark und überall einsetzbar, wo es Internet gibt. Durch die Miniaturisierung der Chips, kompaktere Pancake-Linsen sowie die Kombination von fotorealistischen 3D-Grafiken und räumlichem Audio können inzwischen selbst kleinere VR-Brillen ein äußerst glaubwürdiges und realitätsnahes Gefühl vermitteln.

- Zukünftige **Mixed-Reality-Brillen** (MR) werden sogar ein noch wesentlich besseres Nutzererlebnis bieten, da sie VR und AR kombinieren. In wenigen Jahren werden die Brillen aussehen wie eine etwas dickere Sonnenbrille. Wir werden sie über Sprache oder Gesten steuern und immer bei uns haben, so wie das Smartphone heute unser ständiger Begleiter ist.

Diese Verbesserungen, kombiniert mit immer ausgefeilterer Software und sinkenden Preisen, werden dazu beitragen, dass VR- und AR-Brillen ein immer größeres Publikum erreichen und begeistern. Leichte Brillen werden es uns ermöglichen, von überall aus auf das Metaverse zuzugreifen. Mittels erweiterter Realität (AR) werden wir die echte Welt durch virtuelle Informationen erweitern.

Durch die günstige und ständige Verfügbarkeit sowie einfache Anwendung ist die Akzeptanz und Nutzung von Social Media, Video-Konferenzen, Online-Shopping, Streaming-Diensten und Videospielen stark gestiegen. Im Jahr 2022 besaßen knapp 95 Prozent der Deutschen ein Smartphone und nutzten das Internet im Schnitt 5,26 Stunden pro Tag.[4]

Von der Gaming-Plattform zum Big Business

Ein Ort, der endlose Möglichkeiten verspricht, bietet natürlich ein gewaltiges finanzielles Potenzial für Unternehmen aus allen Bereichen der Wirtschaft. Laut *Bloomberg Intelligence* könnten die weltweiten Umsatzchancen im Metaverse bis 2024 800 Milliarden US-Dollar erreichen, wobei das größte Potenzial in den Bereichen E-Commerce, Spiele, Finanzwesen, Live Entertainment und Gesundheitswesen besteht.[5] Die Investmentbank Citi geht sogar noch weiter und schätzt, dass der Metaverse-Markt bis 2030 ein globales Volumen von bis zu 13 Billionen Dollar haben könnte, mit bis zu 5 Milliarden Nutzern.[6] Die virtuelle Welt stellt für Unternehmen eine große Chance dar, sich einen potenziell lukrativen Markt zu erschließen.

Diese sehr hohe Zahl an prognostizierten Nutzern basiert auf der Tatsache, dass eine große Anzahl von Metaverse-Anwendungen in Zukunft auch mit modernen Smartphones oder Tablets nutzbar sein wird. Mehr als 3 Milliarden mobile Geräte bieten bereits heute die Möglichkeit, einfache Augmented-Reality-Anwendungen zu nutzen.

Gerade für die nächste wirtschaftlich interessante Zielgruppe, die »Generation Z« (alle zwischen 1997 und 2010 Geborenen) und die »Generation Alpha« (Jahrgang 2011 oder später), ist das Internet nicht nur allgegenwärtig, sondern aus dem Leben und der zukünftigen Arbeitswelt nicht mehr wegzudenken. Die allermeisten von ihnen haben keinerlei Berührungsängste und sind offen für Neues. Sie sind es gewohnt, »always on« zu sein, mit AR-Filtern zu experimentieren, mit Avataren zu spielen, digital zu bezahlen und jederzeit zwischen der realen und der virtuellen Welt zu wechseln. Dieser »neuen« Generation fällt es nicht nur viel leichter, neue Trends und Entwicklungen wie das Metaverse anzunehmen, sie stellt bereits jetzt sehr hohe Anforderungen an die Flexibilität, Modernität und Kundenzentrierung von Unternehmen, Behörden und Dienstleistern.

Auch unser Konsumverhalten verlagert sich immer mehr in die digitale Welt. Neben physischen Produkten, die wir online einkaufen und uns liefern lassen, werden wir künftig wesentlich mehr rein virtuelle Produkte und Güter erwerben und besitzen. Aus mancher Sicht mag es irritierend erscheinen, echtes Geld für nicht real existierende

Produkte oder Dienstleistungen auszugeben. Aber schon heute besitzt jeder von uns eine Vielzahl von rein digitalen Gütern wie Apps und Programmen sowie digitale Musik, Filme, Bücher, Bilder und Videos.

Alles, was digitalisiert werden kann, wird digitalisiert.

In der Spielebranche ist es seit Jahren völlig normal, seine Avatare mit virtuellen Verbesserungen wie Kleidung, Waffen oder Kräften, die mit echtem Geld gekauft wurden, zu individualisieren oder aufzurüsten.

Im Metaverse werden wir künftig noch wesentlich mehr mit digitalem Geld in Form von Kryptowährung oder Gaming-Token einkaufen. Hierzu gehören Avatare, Kleidung, Schuhe, Accessoires, Fahrzeuge, Kunst, Grundstücke, Mobiliar, Tickets, Gutscheine, Abos, Zugänge, Fähigkeiten und Upgrades.

Auf diese Weise entsteht neben der reellen eine zusätzliche virtuelle Wirtschaft, die ergänzend zu digitalen Währungen auch NFTs umfasst (mehr dazu in Kapitel 4).

So erfährt die Kunstszene derzeit einen großen Digitalisierungsschub. Mit NFTs können sowohl digitale als auch analoge Kunstwerke tokenisiert und somit digital handelbar gemacht und eindeutig einem Besitzer zugeordnet werden.

Vor diesem Hintergrund ist es nicht verwunderlich, dass praktisch alle großen Technologieunternehmen, Entwicklerstudios und Content-Provider weltweit an eigenen Ideen und Visionen für das Metaverse arbeiten und dafür Milliarden investieren. Auch zahlreiche Kapitalanleger, Investoren und Venture-Capital-Firmen sind von einer Metaverse- und Web3-Zukunft überzeugt und investieren derzeit viel Kapital in Start-ups und Beteiligungen.

Der Ursprung digitaler Güter

Im April 2003 eröffnete Apple den iTunes Store und revolutionierte damit die durch illegale Downloads schwer gebeutelte Musikindustrie. Schon vor 20 Jahren konnten wir digitale Medien kaufen, die virtuell zu unserem Eigentum wurden. War es zu Beginn nur Musik, kamen kurz darauf Filme, Fernsehserien, Musikvideos und E-Books hinzu. 2008 folgte der App Store für das iPhone und 2011 der Mac App Store für Apple Macintosh Computer. Mittlerweile bieten alle großen Anbieter, wie Google, Microsoft, Amazon und auch Meta, ihren Nutzern eigene Store-Lösungen für Apps und digitale Medien an. Geschützt wurden vieler diese digitalen Assets bisher durch einen Kopierschutz, das sogenannte Digital Rights Management (DRM). Zukünftig werden NFTs und die Blockchain zur Absicherung der Besitzverhältnisse genutzt. (Mehr dazu in Kapitel 4.)

3. Gründe für die Nutzung des Metaverse

Das Internet ist in nur wenigen Jahren fester Bestandteil unseres All-tags geworden. Wir glauben daran, dass auch das Metaverse sich schnell durchsetzen und in vielen Bereichen unseres Lebens selbst-verständlich werden wird. Die Gründe dafür liegen in der psycholo-gischen und gesellschaftlichen Struktur des Menschen. Im Folgenden fassen wir die wichtigsten für Sie zusammen.

Psychologische Faktoren

In uns allen laufen – zum Teil auch unbewusst – psychische Prozesse ab, wenn wir etwas Neues kennenlernen oder erfahren, dass ande-re dieses Novum bereits nutzen. Dadurch sind wir dann auch selbst von den neuen Erfahrungen fasziniert. In dieser komprimierten Be-trachtung des Themas werden zwei der wichtigsten Prozesse ange-sprochen: die Angst, etwas zu verpassen (englisch: the fear of missing out – FOMO), und das Streben nach dem Gefühl der Zugehörigkeit (englisch: belonging).

Fear of Missing Out (FOMO)

Die Angst, etwas zu verpassen, häufig auch als FOMO bezeichnet, wird weithin als der offensichtlichste psychologische Faktor für die Teilnahme an neuen Erlebnissen erachtet. Bei vielen Phänomenen in der Vergangenheit konnte dies gut beobachtet werden. Das enorm schnelle Wachstum der Facebook-Nutzung seit 2004 ist hierfür das eindrucksvollste Beispiel.

Die Angst, etwas zu verpassen, hat sich inzwischen zu einem Phänomen entwickelt, das auch wissenschaftlich untersucht wird. Im psychologischen Sprachgebrauch bezieht sich die Angst, etwas zu verpassen, auf das Gefühl des Unbehagens, das sich bei uns einstellt, wenn wir feststellen, dass andere Menschen an Aktivitäten teilnehmen, an denen wir nicht teilhaben, oder dass sie etwas besitzen, über das wir nicht verfügen.

Die Nutzung des Metaverse mit seinen vielen neuen Möglichkeiten und Erfahrungen wird sich durch FOMO schnell ausweiten. Dadurch wird sich die Anziehungskraft derer, die das Metaverse bereits jetzt nutzen, schnell auf andere übertragen. Dies betrifft nicht nur Einzelpersonen, sondern auch Unternehmen, die erkennen, dass ihre Mitbewerber in das Metaversum einsteigen und nicht den Anschluss verlieren wollen. Es betrifft auch Plattform-Entwickler und Dienstleister, die den Metaverse-Trend nicht verpassen möchten.

Die Angst, etwas zu verpassen, hängt auch unmittelbar mit der Angst zusammen, etwas nicht zu bekommen. Wenn es nur eine begrenzte Menge von etwas gibt, wird das Risiko, etwas zu verpassen, als größer empfunden. Die Verbraucher werden von Angeboten angezogen, die nur für eine begrenzte Zeit oder nur bei bestimmten Einzelhändlern erhältlich sind, wie z. B. die preisgünstigen Sonderangebote im Supermarkt. Hamsterkäufe sind ein weiteres Beispiel, das in dieselbe Kategorie fällt.

FOMOing

Im Metaverse ist FOMO ein so verbreitetes Phänomen, dass es sich sogar zu einem Verb entwickelt hat: »FOMOing«. Im Web3 bedeutet es, dass Käufer eines digitalen Assets bereits bei der Ankündigung eines bevorstehenden oder neuen NFT-Projekts die Angst verspüren, bei der Kaufoption nicht berücksichtigt zu werden. Wohl gemerkt passiert dies zu einem Zeitpunkt, zu dem das digitale Asset noch nicht einmal konkret zur Verfügung steht. (NFTs sind »non-fungible tokens«, übersetzt »nicht-austauschbare Wertmarken« oder besser verständlich »einzigartige digitalisierte Vermögenswerte« – mehr dazu in Kapitel 4.)

Ganz deutlich wird dies bei digitalen Assets, wie z. B. bei seltenen Avatar-Ausstattungen oder limitierten Kollektionen der digitalen Fashion-

Szene. Die meisten digitalen Sammlungen werden bewusst in sehr geringer Stückzahl produziert, um die Angst zu schüren, etwas zu verpassen. Es ist nicht ungewöhnlich, dass Projekte nur einige Hundert oder Tausend Einheiten ihrer Kollektionen zum Verkauf anbieten, obwohl sie Zehntausende oder sogar Hunderttausende von Interessenten auf ihren Wartelisten haben. Hier führt die Angst, etwas zu verpassen, zu dem Bedürfnis, einen Vorrang bei einem Projekt zu bekommen, indem man sich vor anderen darüber informiert oder sogar eine Reihe von Vorgaben erfüllt, um auf eine »Whitelist« zu kommen, was der Teilnahme an einem Pre-Sale gleichkommt.

Eine direkte Folge davon ist, dass beliebte Kollektionen innerhalb kürzester Zeit keine digitalen Einheiten mehr zur Verfügung haben. Sehr bald danach entsteht häufig ein florierender Sekundärmarkt – meist zu höheren Preisen, wie dies auch im realen Leben bei streng limitierten Sonderbriefmarken erkennbar ist. Dies ist ähnlich wie bei der Einführung einer neuen limitierten Auflage von begehrten Marken-Turnschuhen. Der einzige Unterschied besteht darin, dass der digitale Verkauf und die digitale Nachfrage in einem weitaus größeren und globalen Maßstab erfolgt.

Während einige Interessierte motiviert sind, früh zu kaufen, um vom Wiederverkaufsmarkt oder von zusätzlichen Vergünstigungen oder Incentives zu profitieren, werden andere durch die möglichen sozialen Vorteile angezogen. So führt die frühe Teilnahme an einem Projekt, das später populär wird, zu einem beträchtlichen sozialen Ansehen in der eigenen Peer-Gruppe. Dies trägt dazu bei, dass die Peers (deutsch: Gleichgesinnte) zum offiziellen Verkaufszeitpunkt hoch motiviert sind, an solchen Projekten teilzunehmen und diese zu kaufen. Womit wir beim zweiten psychologischen Faktor sind: der Zugehörigkeit.

Belonging

Das Bedürfnis nach Gemeinschaft und dem Gefühl der Zugehörigkeit zu sozialen Gruppen ist ein wichtiger Teil der bekannten, von Abraham Maslow entwickelten Bedürfnishierarchie. Sobald unsere Grundbedürfnisse befriedigt sind, wir also in der Lage sind, für uns selbst zu sorgen, d. h. uns zu ernähren, ein Dach über dem Kopf haben und wir uns in Sicherheit fühlen, folgt gleich das Bedürfnis nach »Belonging«, der sozialen Zugehörigkeit. Wir suchen nach einer sozialen Gruppe, der wir uns anschließen können.

Dieses Gefühl der sozialen Zugehörigkeit ist ein wichtiger Faktor in der Wirtschaft, im Marketing und in den Medien. Es gilt ebenso für die Teilnahme und Teilhabe an technischen Neuerungen. Denken Sie z. B. an das Elektronikspielzeug Tamagotchi in den 90er-Jahren oder das Spiel Pokémon Go Mitte der 2010er-Jahre – ein Jugendlicher, der kein virtuelles Küken hatte, um das er sich kümmern konnte, oder der nicht mit seinem Smartphone auf Fantasiewesenfang ging, war nicht »in«, konnte nicht mitreden und fühlte sich dadurch ausgeschlossen. Auch wenn man anfangs über die anderen lachte, wurde das Bedürfnis, dazuzugehören, schnell zu groß und man beteiligte sich an dem »Hype«.

Zugehörigkeit durch digitale Assets

Die Nutzung des Metaverse wird ebenfalls zu einem solchen »must do« werden, insbesondere beim Erwerb von digitalen Assets. Es stellt bereits heute die wichtigste soziale Wertkomponente bei den beliebten NFT-Sammlungen dar. Ein wesentlicher Grund hierfür ist, dass die Käufer den Wunsch haben, Teil einer Gemeinschaft mit anderen Besitzern solcher NFT-Sammlungen zu sein.[7]

✓ **BEISPIEL**

Bored Apes

Ein hervorragendes Beispiel hierfür ist die NFT-Kollektion des bekannten Bored Ape Yacht Club (BAYC). Bei ihrer Einführung im April 2021 kostete das Minten (oder zu Deutsch: Prägen) eines digitalen Affen Ethereum im Wert von etwas weniger als 300 US-Dollar. Nur sechs Monate später wurde der günstigste »Ape«, wie diese Ikone der Digitalkultur genannt wird, für über 250.000 US-Dollar und anschließend weit darüber hinaus angeboten.

Der Besitz eines digitalen »Bored Ape« hat darüber hinaus Vorteile, die nicht nur sozialer Natur sind. Die Besitzer erhalten sogar Lizenzrechte für ihre Affen, was beispielsweise ▶▶

der bekannte Rapper Snoop Dogg genutzt hat, um die Fast-Food-Kette »Bored & Hungry« mit eben dieser Lizenz zu gründen und physische Restaurants zu eröffnen. Was die meisten Käufer jedoch wirklich erwerben, ist die Möglichkeit, Teil eines exklusiven »Clubs« mit anderen Nutzern zu sein, die ihre Werte teilen, sowie mit Prominenten, Sportlern, Geschäftsinhabern und Meinungsmachern, die ebenfalls digitale Affen besitzen.

Zu diesen Personen gehören unter anderem Justin Bieber, Eminem, Heidi Klum, Jimmy Fallon, Snoop Dogg, Paris Hilton, Steph Curry und Neymar, um nur einige zu nennen. Wenn man einen »Ape« besitzt, wird man zu exklusiven Treffen, Konzerten und sogar zu einer echten Jacht-Party mit Mitgliedern dieser geschlossenen Gemeinschaft eingeladen. Diese Veranstaltungen können virtuell oder in der realen Welt stattfinden und sind für ihre Mitglieder weit exklusiver in ihrer Art, als nur ein Mitglied eines Loyalty-Programms mit einem hohen Status zu sein.

Die Erfahrungen, die ein Einzelner mit seiner Community macht, sind dadurch sehr intensiv und werden als wertvoll angesehen. Wenn jemand in den sozialen Medien über den Kauf eines digitalen Assets einer solchen Kollektion berichtet, wird er häufig mit Nachrichten von anderen Mitgliedern seiner Community überschüttet. Darunter sind nicht selten Influencer, Sportler und Start-ups, die ihn beglückwünschen und ihn in ihrer Welt der digitalen Assets willkommen heißen. Es handelt sich um ein positives Ereignis, das als Teil einer sozialen Art der Kommunikation funktioniert. Durch diese positive Erfahrung entsteht ein Gefühl der Zugehörigkeit zu einer größeren Gemeinschaft, was den eigentlichen Kauf als wertvolles Geschäft und das eigene Handeln als richtig bestätigt. Zusätzlich haben die Käufer oft das Bedürfnis, zu erkunden, was die Gemeinschaft sonst noch zu bieten hat, was als Signal dient, dass der eigene Kauf eine gute Investition war und möglicherweise weitere Investitionen folgen werden.

Zugehörigkeit durch Aktivitäten

Die Teilnahme an den Aktivitäten einer Gemeinschaft, wie z. B. die Zugehörigkeit zu einer Gruppe von Menschen, die ähnliche Werte und Überzeugungen teilen, fördert nicht nur das Engagement für eine Marke, sondern gibt den Mitgliedern der Gemeinschaft auch ein Gefühl der Erfüllung und Zufriedenheit. Dieses hohe Maß an Beteiligung seitens der Community ist normal bei Themen von großem Interesse, wie dem Sammeln von Turnschuhen, Erinnerungsstücken oder Oldtimern. Das ist besonders überraschend, wenn man bedenkt, dass die meisten NFT-Initiativen – anders als ihre physischen Vorbilder – noch nicht über einen wirklich rechtssicheren Rahmen verfügen. Im Vergleich zu traditionellen Einzelhandelsgeschäften, die in der Regel den Schwerpunkt auf die Interaktion mit dem Hauptprodukt und nicht auf den Aufbau einer Gemeinschaft bzw. Community legen, verläuft diese Ausprägung in der digitalen Welt genau andersherum: Bei NFTs ist die Gemeinschaft häufig das »eigentliche« Produkt oder deren Zugehörigkeit zumindest der primäre Antrieb. Zusätzliche funktionale Vorteile werden erst danach geboten – wenn überhaupt. In Anbetracht der Tatsache, dass Kunden und Nutzer ein starkes psychologisches Bedürfnis nach einem Zugehörigkeitsgefühl haben, können Marken, die in den NFT-Bereich einsteigen wollen, viel Wissen über den Community-Aspekt von NFTs und seine Strahlkraft gewinnen. Dies gelingt zusätzlich zum reinen Angebot digitaler Produkte an sich, wenn sie sich ernsthaft und in die Zukunft blickend strategisch damit auseinandersetzen.

Diese psychologischen Faktoren können auch im Kontext der digitalen Güter reproduziert werden. Es ist faszinierend zu beobachten, in welchem Ausmaß die Entscheidungen eines Nutzers auch hier beeinflusst werden.

Gesellschaftliche Faktoren

Neben den psychologischen Faktoren gibt es eine Vielzahl gesellschaftlicher bzw. sozialer Gründe für die Nutzung des Metaverse. Generell wird mit dessen Verbreitung eine Veränderung der Wahrnehmung einhergehen. Immer mehr Menschen entdecken den digitalen und virtuellen Raum für sich und erkennen ihn als gleichwertig zum physischen, realen Raum an. Infolgedessen gewinnen digitale Aktivitäten wie der E-Sport, der sportliche Wettkampf mit Computerspielen, zunehmend an Bedeutung.

E-Sports

Bereits im Jahr 2000 wurden die ersten »World Cyber Games« in Seoul ausgetragen. Inzwischen steht eine ganze Industrie hinter dieser Sportart. Nach festgelegten Regeln treten Einzelkämpfer oder Teams in bestimmten Spielen auf organisierten Wettkampf-veranstaltungen gegeneinander an, um Preisgelder zu erringen. Professionelle »E-Gamer« können von ihrem Sport leben und üben ihn oft hauptberuflich aus.

Die inzwischen zahlreichen E-Sport-Verbände sind der Meinung, E-Sport müsse aufgrund der erforderlichen motorischen Leis-tungsfähigkeit, der hohen Reaktionsfähigkeit und der strategischen Beherrschung des jeweiligen Spiels als eigene Sportart anerkannt werden. In Deutschland wird E-Sport noch nicht als offizielle Sport-art angesehen, es gibt jedoch bereits eine Vielzahl an Breitensport-vereinen, die E-Sport anbieten.

Auch die Art und Weise, wie und was wir als Besitz betrachten, ent-wickelt sich ständig weiter. Früher war Geld die einzige Form von vir-tuellem Besitz (denn auch Geld auf einem Konto ist nichts anderes als Bits und Bytes). Schon heute gewinnen andere Arten von virtuellem Besitz zunehmend an Bedeutung und werden auf sozialer Ebene im-mer mehr wahrgenommen und akzeptiert, wie beispielsweise digitale Vermögenswerte bzw. digitale Assets.

Auch unser Lebensstil hat sich durch diese veränderte Sichtweise be-reits gewandelt. Erste Beispiele für dieses neue Freizeitverhalten sind die erwähnten E-Sports und virtuelle Konzerte. Neben der realen Kunst gewinnt die virtuelle Kunst ebenfalls zunehmend an Bedeutung.

Im Folgenden listen wir einige weitere gesellschaftliche Faktoren auf, die die Ausbreitung des Metaverse vorantreiben werden. Es ist wichtig zu beachten, dass diese Treiber nicht für alle Nutzer gleich wichtig und relevant sind. So wird es im Zeitverlauf weitere Faktoren geben, die den Antrieb zur Nutzung des Metaverse beeinflussen werden. In Zukunft werden Treiber wie Nachhaltigkeit, Gleichstellung, Globalisierung und Effizienz, z. B. durch weniger Bürokratie in der digitalen gegenüber der realen Welt, immer mehr an Bedeutung gewinnen.

Kommunikation und Austausch

Das Metaverse bietet Menschen die Möglichkeit, sich mit anderen zu verbinden und zu kommunizieren, auch wenn sie räumlich weit voneinander entfernt sind. Dies kann besonders dann attraktiv sein, wenn es schwierig oder unmöglich ist, sich persönlich zu treffen, z. B. aufgrund von behördlichen, medizinischen oder persönlichen Einschränkungen. Die meisten Menschen, vor allem im Berufsleben, haben sich an Videoanrufe per Teams oder Zoom längst gewöhnt; allerdings dienen diese eher als Mittel zum Zweck und sind kein wirklich immersiver Kanal für den Austausch und die Begegnung.

Digitale Teilhabe (Inklusion)

Gerade in den Hochphasen der Covid-19-Pandemie waren physische Begegnungen und Veranstaltungen kaum möglich. Aber auch Menschen, die aus gesundheitlichen oder körperlichen Gründen in ihrer sozialen Mobilität eingeschränkt sind, können digital vollumfänglich am gesellschaftlichen Leben teilhaben. Hier bieten immersive Technologien wie das Metaverse eine neue Art der Zugänglichkeit und eine neue Erfahrung von Inklusion.

Selbstdarstellung

Das Metaverse ermöglicht es Menschen, ihr Leben und ihre Persönlichkeit auf eine neue Art und Weise zu präsentieren. Viele Nutzer genießen es, ihr Leben, ihre Erlebnisse, Erfahrungen und Meinungen online zu teilen und Feedback von anderen zu erhalten. Gleichzeitig bieten unterschiedliche Avatare, die dem eigenen Geschmack angepasst werden können und die sich zukünftig selbst bewegen werden, eine weitere Möglichkeit, sich auszudrücken. Das eigene Domizil im Metaverse und weitere Annehmlichkeiten, die ebenfalls individuell gestaltet werden können, stellen ein weiteres Potenzial dar, um die eigene Identität im Metaverse zur Geltung zu bringen.

Einfluss und Anerkennung

Die Aussicht, eine große Zahl von Menschen zu erreichen und damit Einfluss zu nehmen, ist ein weiterer gesellschaftlicher Treiber im Metaverse. Viele sind daran interessiert, ihre Ideen und Meinungen mit einer breiten Öffentlichkeit zu teilen und dafür Anerkennung und Zustimmung zu erhalten. Dies kann sowohl in Form von Wissensaustausch als auch in Form von Diskussionsforen geschehen. So kann man davon ausgehen, dass zukünftig immer mehr Community-Treffen im Metaverse stattfinden werden.

Unterhaltung und Information

Das Metaverse wird zu einer bedeutenden Quelle der Unterhaltung sowie für Information und Inspiration. Es wird Zugang zu einer nahezu unendlichen Menge an Inhalten bieten. Der Wissens- und Informationsdrang der Menschen treibt die Nutzung des Metaverse gesellschaftlich voran. Vor allem die rasante Weiterentwicklung von neuen immersiven Inhalten wird die Nutzung weiter vorantreiben. Die Menschen haben nun mal den Drang, sich über neue Themen, Ereignisse und Angebote auf dem Laufenden zu halten.

★ **EXKURS**

Wird das Internet durch das Metaverse demokratischer?

Die Zukunft des Metaverse ist schwer vorherzusagen und hängt von vielen Faktoren ab. Die zunehmende Verbreitung von dezentralen Technologien wie Web3 und Blockchain kann dazu beitragen, dass das Metaverse insgesamt demokratischer wird.

Die virtuelle Welt des Metaverse wird nach aktuellem Entwicklungsstand von vielen verschiedenen Unternehmen gebaut und betrieben. Es könnte somit zu einer Art dezentralisiertem Netzwerk werden, das so wie das Internet von niemandem ganzheitlich kontrolliert wird. Ein solches dezentrales System ist weniger anfällig für Zensur und Einschränkungen durch eine zentralisierte Macht, wie sie beispielsweise von Regierungen oder ▶▶

großen Unternehmen ausgeübt werden kann. Stattdessen basiert es auf einem Netzwerk von Herstellern, Anbietern und Nutzern, die gemeinsam dafür sorgen, dass das System funktioniert. Dies könnte dazu beitragen, dass das Metaverse ein inklusiver Ort wird, an dem alle Nutzer gleichberechtigt teilhaben können.

Allerdings gibt es auch Gegenargumente, die aufzeigen, dass das Metaverse weniger demokratisch werden könnte. Wenn nur noch wenige große Unternehmen das Metaverse kontrollieren, kann es zu einem Oligopol kommen. Dies kann zu Absprachen und Machtstrukturen führen, die nicht demokratisch sind.

Eine weitere Bedrohung der Demokratie, Offenheit und Mitbestimmung könnte von China ausgehen. Es besteht die Sorge, dass das Metaverse durch chinesische Einflüsse in Bezug auf die Sperrung von Internet-Inhalten und die Dominanz chinesischer Plattformen und Komponenten eingeschränkt und weniger demokratisch werden könnte. Chinesische Blockchain-Technologien könnten genau kontrollieren und protokollieren, welche Versuche von Nutzern unternommen werden, um andere, staatlich nicht freigegebene Teile des Metaverse zu erkunden. (Mehr dazu in Kapitel 5.) Solche Aktivitäten hätten selbstverständlich Einfluss auf die Entwicklung des inklusiven Charakters des Metaverse. Wenn der Einfluss einer einzelnen Macht dominiert, könnte das Metaverse als Ganzes weniger demokratisch werden.

Es ist also schwer vorherzusagen, wie demokratisch das Metaverse in der Zukunft wirklich sein wird. Es hängt von vielen Faktoren ab, wie der Verbreitung von dezentralen Technologien, der Rolle von großen Unternehmen und Regierungen sowie der Art und Weise, wie das Metaverse von uns Menschen verwendet wird.

4. Bausteine des Metaverse

So wie das US-Militär in den Anfangsjahren die treibende Kraft hinter der Entwicklung des Internets war, so sind es heute die großen Tech-Unternehmen, die die Entwicklung des Metaverse rasant vorantreiben.

Das Metaverse baut auf den Grundlagen des Internets auf und erweitert diese um eine Vielzahl neuer Funktionen und Einsatzmöglichkeiten. Durch die Kombination einer Reihe von neu entwickelten und stark verbesserten Technologien, Komponenten und Diensten werden zukünftig völlig neue Möglichkeiten geschaffen.

Metaverse-Architektur

Die rasante technologische Entwicklung und die zunehmende Digitalisierung tragen entscheidend dazu bei, dass das Metaverse in nur wenigen Jahren zu einer allgegenwärtigen Realität werden wird und sich zu einer genauso wichtigen Plattform für kommerzielle und soziale Aktivitäten entwickelt wie das Internet.

Die folgenden Technologien und Komponenten bilden einen wichtigen Teil der Metaverse-Architektur.

Internet

Die Basis für das Metaverse ist das bestehende Internet mit seiner grundlegenden technischen Infrastruktur, den Netzen, Servern, Protokollen, Diensten und Formaten. Auf diesem Fundament werden sowohl vorhandene Technologien ausgebaut als auch neue Lösungen von Grund auf entwickelt.

Highspeed-Netzwerke

Das Metaverse erfordert sehr schnelle und zuverlässige Internetverbindungen, um die Nutzer miteinander zu verbinden und die riesigen Datenmengen zu übertragen.

Mobilfunk

Die fünfte Generation des Mobilfunks (5G) ermöglicht hohe Datenübertragungsraten von bis zu 20 Gbit/s, die für die mobile Nutzung des Metaverse von großer Bedeutung sind. Im Vergleich zu früheren Versionen ist 5G nicht nur deutlich schneller, sondern hat auch eine wesentlich geringere Latenz (Verzögerung), was die Reaktionszeit deutlich reduziert. Der Nachfolger 6G, dessen Einführung für 2030 geplant ist, wird deutlich höhere Datenraten von bis zu 400 Gbit/s erlauben.

WLAN

Auch im Bereich der drahtlosen Netzwerk-Technologie gibt es enorme Fortschritte: Wi-Fi 6 ist die neueste WLAN-Generation (Wireless Local Area Network), die auch als IEEE 802.11ax bekannt ist. Im Vergleich zu früheren Wi-Fi-Standards bietet Wi-Fi 6 eine höhere Datenübertragungsrate, eine bessere Leistung in Umgebungen mit vielen verbundenen Geräten und eine verbesserte Energieeffizienz. Es wurde entwickelt, um die wachsenden Anforderungen von Geräten und Anwendungen zu erfüllen, die immer mehr Bandbreite, geringere Latenz und eine zuverlässigere Verbindung benötigen.

Mit schnelleren Netzwerken können virtuelle Welten noch realistischer und immersiver erlebt werden und die Interaktion in der virtuellen Welt wird noch glaubwürdiger und zugänglicher.

VR/AR/MR/XR

Hier handelt es sich um immersive Technologien, die durch eine Brille oder ein Headset erlebt werden können.

Virtual Reality (VR)

Virtuelle Realität (VR) ist eine Technologie, die es Nutzern ermöglicht, vollständig in eine digitale Welt einzutauchen. Diese Umgebungen können computergeneriert oder real mit 360-Grad-Kameras aufgenommen werden und bieten den Nutzern die Möglichkeit, sich frei innerhalb dieser virtuellen Welt zu bewegen und zu interagieren.

Um VR zu nutzen, wird spezielle Hardware und Software benötigt, die in VR-Headsets integriert sind. Diese Headsets enthalten zwei hochauflösende Displays, die die computergenerierten oder aufgezeichneten Bilder darstellen, sowie ein gekoppeltes Sensorsystem, das die Position und Ausrichtung des Kopfes verfolgt. Die Nutzer können sich innerhalb von VR mithilfe von Hand-Controllern oder direkt mit den Händen via Gestensteuerung bewegen und navigieren. Aus diesem Grund sind oftmals Kamerasysteme in der Außen- wie auch Innenseite des Headsets installiert.

VR wird in vielen Bereichen eingesetzt, zum Beispiel in der Unterhaltungsbranche, in der Industrie, in der Bildung und in der Medizin. Es gibt viele Anwendungsfälle, bei denen VR eine sinnvolle Ergänzung darstellen kann, wie zum Beispiel bei der Simulation von Szenarien, bei der Reparatur von Maschinen, beim Einkaufen, bei der Erstellung von 3D-Modellen, beim Training von Mitarbeitern oder bei der Erkundung von Orten, die aufgrund von Entfernung oder Gefahr nicht direkt besucht werden können.

VR-Brillen (Beispiele): Meta Quest, HTC Vive, Pico Neo, PlayStation VR.

Augmented Reality (AR)

Augmented Reality (AR) bedeutet so viel wie »erweiterte Realität« und ist eine Technologie, die es ermöglicht, virtuelle Informationen und Objekte in die reale Welt einzufügen und sichtbar zu machen. Diese digitale Erweiterung der Realität wird durch spezielle Hardware und Software ermöglicht, die in AR-fähigen Geräten wie Brillen, Smartphones oder Tablets integriert sind.

AR nutzt Kameras und Sensoren, um die reale Umgebung zu erfassen und zu verarbeiten. Die virtuelle Erweiterung wird dann über das Sichtfeld der Nutzer projiziert und erscheint als Teil der realen Welt.

Die virtuelle Erweiterung kann in Form von Bildern, Texten, Animationen oder interaktiven Elementen erscheinen und das sichtbare Umfeld um zusätzliche Details bereichern.

Auch AR wird in vielen Bereichen eingesetzt, darunter Unterhaltung, Bildung, Einzelhandel, Industrie und militärische Anwendungen. Es kann zum Beispiel dazu verwendet werden, Informationen über Produkte oder Dienstleistungen zu liefern, Trainings und Schulungen zu unterstützen, indem sie virtuelle Inhalte in die reale Welt integrieren, oder die Arbeitsumgebung zu verbessern. AR bietet viele Möglichkeiten, um die reale Welt um digitale Elemente zu erweitern und das Erleben und Lernen zu verbessern.

Das vielleicht bekannteste Beispiel für AR ist das Spiel »Pokémon GO«, bei dem digitale Kreaturen in die reale Welt eingeblendet werden, um von den Spielern gesucht und gesammelt zu werden. Ein weiteres Beispiel sind Instagram- oder Snapchat-Filter, die virtuelle Objekte und Elemente über das Kamerabild setzen. Spannende Beispiele finden Sie auf *https://ar.snap.com*.

AR-Brillen (Beispiele): Google Glass, Microsoft HoloLens, Magic Leap.

Mixed Reality (MR)
Mixed Reality ist ein Konzept, das Virtual Reality und Augmented Reality kombiniert. Es ermöglicht den Nutzern, die reale Welt und die virtuelle Welt miteinander zu verbinden.

Eine wichtige Technologie, die für MX verwendet wird, ist die »Pass through«-Funktion. Diese Funktion ermöglicht es den Nutzern, durch eine geschlossene VR-Brille in die reale Umgebung zu schauen, während sie sich in einer virtuellen Welt befinden. Kameras am Headset nehmen die reale Umgebung auf und übertragen sie direkt und latenzfrei (ohne Verzögerung) auf das Display des Nutzers oder reichern sie mit digitalen Informationen und Objekten (AR) an. Auf diese Weise können die Nutzer eine Erfahrung machen, die die reale Welt mit digitalen Informationen und Objekten ergänzt.

Mixed Reality kann ebenfalls in vielen Bereichen eingesetzt werden, zum Beispiel in der Unterhaltung, im Einzelhandel, in der Industrie und in der Bildung. Es gibt viele Anwendungsfälle, bei denen MX eine sinnvolle Ergänzung darstellen kann, wie zum Beispiel bei der Reparatur von Maschinen, beim Einkaufen oder bei der Erstellung von 3D-Modellen. Die Möglichkeiten von MX sind vielfältig und es werden ständig neue Anwendungen entwickelt.

Beispiele für MR-Brillen: Meta Quest Pro, HoloLens, HTC Vive Flow, HP Reverb

Extended Reality (XR)
Extended Reality ist ein Übergriff, der alle Formen der erweiterten und virtuellen Realität umfasst, einschließlich Virtual Reality (VR), Augmented Reality (AR) und Mixed Reality (MR).

Avatare

Im Metaverse bewegt man sich mithilfe seines persönlichen 3D-Avatars – seinem dreidimensionalen Abbild oder digitalen Zwilling. Man kennt dieses Prinzip schon seit Jahrzehnten aus Spielen: Mit einem Controller steuert man einen virtuellen Charakter durch eine fiktive Spielwelt.

Einer der bekanntesten Anbieter von 3D-Avataren ist »Ready Player Me«. Auf der Website *https://readyplayer.me* kann man aus verschiedenen Vorlagen und Tools wählen, um seinen eigenen kostenlosen Avatar zu gestalten. So kann man neben der Kleidung die Gesichtsform, Haare, Augen, Hautfarbe und andere Merkmale anpassen. Anschließend kann der persönliche Avatar in verschiedene VR- und AR-Anwendungen importiert und verwendet werden.

Weitaus fotorealistischere Avatare können mit dem »MetaHuman Creator« von Epic Games erstellt werden. Der browserbasierte Editor basiert auf der bekanntesten und leistungsstarken Unreal-Spiele-Engine und kann unter *https://metahuman.unrealengine.com* getestet werden.

Um einen eigenen fotorealistischen digitalen Zwilling bzw. Avatar zu erzeugen, benötigt man einen 3D-Scanner oder eine entsprechende 3D-Scan-App.

Das französische Unternehmen »myeggO« hat einen Ganzkörper-3D-Scanner entwickelt, der wie ein zwei Meter hohes Ei geformt ist. Im Inneren befinden sich fast 100 Kameras, die den Körper von allen Seiten aufnehmen. Eine KI-Software berechnet daraus ein fotorealistisches 3D-Modell des Körpers, das anschließend als Avatar verwendet werden kann.

Spatial Audio

Spatial Audio ist eine Technologie, die es ermöglicht, Klänge in einer räumlichen Umgebung wiederzugeben, sodass sie sich wie in der realen Welt anhören. Es funktioniert ähnlich wie 3D-Surround-Sound und erlaubt es, Töne, Geräusche, Musik und Sprache aus verschiedenen Richtungen wahrzunehmen, auch wenn nur ein Zwei-Kanal-Stereo-Signal verwendet wird.

So können Nutzer in virtuellen Umgebungen zum Beispiel das Geräusch von Schritten hören, die sich nähern oder entfernen, sowie den Klang von Stimmen aus verschiedenen Richtungen wahrnehmen.

Der Einsatz von Spatial Audio im Metaverse trägt dazu bei, dass die virtuelle Welt noch realistischer und immersiver erlebt wird. Es hilft bei der räumlichen Orientierung, der Sprachverständlichkeit und der emotionalen Wahrnehmung der Umgebung, da es der realen Wahrnehmung sehr ähnlich ist.

Künstliche Intelligenz (KI)

Kaum eine Technologie hat in den letzten Jahren so große Fortschritte gemacht wie das maschinelle Lernen (ML) und die Künstliche Intelligenz (KI, englisch: Artificial Intelligence (AI). ML und KI ermöglichen es Computern, Probleme selbstständig zu erkennen, zu lösen und daraufhin eigene Entscheidungen zu treffen, indem sie große Mengen an Daten analysieren und daraus lernen.

Bereits im Jahr 2017 kündigte Googles CEO Sundar Pichai einen Richtungswechsel von »Mobile first« zu »AI first« an. Das Unternehmen setzt in seinem Kerngeschäft, den Suchmaschinen und Anzeigen, schon seit Jahren auf maschinelles Lernen, ebenso wie bei den Google-

Empfehlungen auf YouTube oder bei den Übersetzungen auf Google Translate.

Heute beruhen Googles Erfolge als Suchmaschine, Hardwarehersteller und Anbieter des größten mobilen Betriebssystems Android weitgehend auf dem erfolgreichen Einsatz von künstlicher Intelligenz.

Im Metaverse wird KI in praktisch allen Bereichen eine wichtige Rolle spielen. So können nicht nur menschliche Bewegungen, einschließlich Mimik und Blickrichtung, auf einen virtuellen Avatar übertragen werden, sondern auch Spracherkennung, Hand- und Gesten-Steuerung sowie die Übersetzung von Sprache in Echtzeit sind möglich.

KI-gesteuerte Chatbots werden Nutzern über Text oder Sprache helfen, schnell und einfach Antworten auf ihre Fragen zu erhalten und Aufgaben zu erledigen, ohne auf menschliche Hilfe warten zu müssen. Sie werden dazu beitragen, das Metaverse reaktionsfähiger zu machen.

OpenAI hat mit **ChatGPT** eine beeindruckende Chat-Plattform entwickelt, die auf künstlicher Intelligenz basiert. ChatGPT bietet die Möglichkeit, als Antwortquelle für Service-Avatare in virtuellen Welten zu dienen. Dies wird es Nutzern ermöglichen, Fragen über ihre Avatare zu stellen und sehr präzise Antworten zu erhalten. Diese Technologie kann in vielen Bereichen wie Kundensupport, Schulungen und Produktberatung eingesetzt werden, um die Interaktion zwischen Unternehmen und Kunden zu automatisieren sowie Zeit und Ressourcen zu sparen.

Auch bei der Entwicklung und Verbesserung der Nutzererfahrungen wird die KI eine wichtige Rolle spielen. So können Interaktionen und Erlebnisse personalisiert und an die Bedürfnisse und Vorlieben der Anwender angepasst werden, was das Nutzererlebnis verbessert.

Darüber hinaus kann KI genutzt werden, um die Nutzeraktivitäten in Echtzeit zu analysieren und personalisierte Empfehlungen oder auch personalisierte Werbung auszuspielen und Empfehlungen bereitzustellen.

Es wird ebenso dazu beitragen, die Sicherheit und Integrität des Meta-verse zu verbessern, indem die KI verdächtige Aktivitäten, Inhalte und Bedrohungen erkennt, meldet und ggf. direkt unterbindet. In dieser Hinsicht spielen das maschinelle Lernen und die Künstliche Intelligenz eine wichtige Rolle bei der Sicherstellung, dass das Metaverse eine si-chere und vertrauenswürdige Plattform für Nutzer bleibt.

Blockchain

Blockchains sind fälschungssichere verteilte (dezentrale) Datenban-ken, in denen Transaktionen unveränderbar und ohne zentrale In-stanz protokolliert werden. Sie dienen dazu, Vorgänge und Eigen-tumsverhältnisse zu speichern und zu regeln, und bilden die Basis für Kryptowährungen, NFTs und Smart Contracts (mehr dazu später in diesem Kapitel).

Die Blockchain selbst ist ein digitales Verzeichnis, das alle Transak-tionen in einem dezentralen Netzwerk aufzeichnet, und besteht aus verketteten Datensätzen, die als »Blöcke« bezeichnet werden. Jeder Block enthält einen Zeitstempel, einen Hash-Wert und den Hash des vorherigen Blocks. Diese Verkettung der Blöcke bildet die Blockchain und gibt ihr daher auch ihren Namen.

Eine Blockchain ist dezentralisiert, was bedeutet, dass sie nicht von ei-ner einzelnen Person oder Organisation kontrolliert wird. Stattdessen wird sie von vielen verschiedenen Nutzern betrieben, den sogenann-ten Knoten (englisch: nodes). Jeder Knoten hält eine Kopie der jewei-ligen Blockchain vor und überprüft jede neue Transaktion, die in das Netzwerk aufgenommen wird. Wenn eine Transaktion gültig ist, wird sie von den Knoten bestätigt und in einen neuen Block aufgenommen, der an die Blockchain angehängt wird. Diese Bestätigungen werden als »Proof of Work« bezeichnet und dienen dazu, sicherzustellen, dass die Transaktionen gültig und korrekt sind. Sobald ein Block bestätigt wur-de, wird er in die Blockchain aufgenommen, wird für alle Teilnehmer sichtbar und kann nachträglich nicht mehr geändert werden.

Die Blockchain bietet eine sichere und transparente Methode zur Auf-zeichnung von Transaktionen, da jede Transaktion von allen Knoten überprüft und jeder Block in der Blockchain von allen Knoten verifiziert wird. Die Verkettung der Blöcke macht es zusätzlich sehr schwierig, Transaktionen nachträglich zu verändern, da dies bedeuten würde, dass alle nachfolgenden Blöcke neu berechnet werden müssten.

Die Blockchain wird oft in Verbindung mit Kryptowährungen wie Bitcoin oder Ethereum genannt, sie kann jedoch auch für viele andere Anwendungen genutzt werden, bei denen Sicherheit, Transparenz und Unveränderlichkeit wichtig sind. Dies sind z. B. Bereiche wie Supply-Chain-Management, Identitätsmanagement, der Kauf und Verkauf von digitalen Assets inklusive der damit verbundenen Verwaltung von Eigentumsrechten. Auch im Vertragsmanagement bei Rechtsanwälten und sogar im Gesundheitswesen findet die Blockchain Anwendung.

Die erste Blockchain wurde von dem Kryptografen und Programmierer Satoshi Nakamoto entwickelt und im Oktober 2008 in einem White Paper mit dem Titel »Bitcoin: A Peer-to-Peer Electronic Cash System« vorgestellt. Die Blockchain wurde ursprünglich als Grundlage für das Kryptowährungssystem Bitcoin entwickelt.

☀ GUT ZU WISSEN

Satoshi Nakamoto

Bis heute ist die wahre Identität von Satoshi Nakamoto unbekannt und es gibt viele Spekulationen darüber, wer oder was hinter dem Pseudonym steckt. Einige glauben, dass Satoshi Nakamoto eine einzelne Person ist, während andere annehmen, dass es sich um ein Pseudonym für eine Gruppe von Entwicklern handelt. Es gibt auch Gerüchte, dass Satoshi Nakamoto ein Pseudonym für eine Regierung oder ein Unternehmen sein könnte. Obwohl viele Menschen versucht haben, die wahre Identität von Satoshi Nakamoto zu enthüllen, bleibt sie bis heute ein Rätsel. Die meisten Informationen über Satoshi Nakamoto stammen aus E-Mails und Online-Posts, die er oder sie während der Entwicklung von Bitcoin hinterlassen hat. Sie zeigen, dass Satoshi Nakamoto ein erfahrener Kryptograf und Programmierer ist und dass er oder sie sich intensiv mit dem Konzept von Digitalwährungen beschäftigt hat.

Smart Contracts

Smart Contracts sind digitale Verträge, die auf einer Blockchain gespeichert sind und keine dritte Partei (wie zum Beispiel einen Notar) benötigen, um Rechtssicherheit zu gewährleisten. Sie sind transparent, sicher sowie nicht veränderbar und können automatisch ausgeführt werden, sobald bestimmte Bedingungen erfüllt sind.

Sie werden häufig verwendet, um die Ausführung von Transaktionen zu vereinfachen und zu automatisieren, indem manuelle Eingriffe oder menschliche Vermittler überflüssig werden. Hier einige Beispiele:

- **Übertragung von Vermögenswerten**
  Smart Contracts können verwendet werden, um den Transfer von Vermögenswerten wie Kryptowährungen, Immobilien oder Kunstwerken zu automatisieren. Sobald alle Bedingungen des Vertrags erfüllt sind (z.B. Zahlung des Kaufpreises), wird der Transfer automatisch ausgeführt. Es ist sogar möglich, den früheren Eigentümer bei einem Weiterverkauf automatisch zu begünstigen, z.B. durch Provisionen oder einen Gewinnanteil am Kaufpreis.

- **Automatisierung bei der Durchführung von Geschäftsprozessen**
  - **Einkaufsprozesse**: automatisierte Überprüfung von Angeboten, Vergabe von Aufträgen und die Verfolgung von Lieferungen
  - **Auftragsabwicklung**: automatisierte Abwicklung von Aufträgen (Kauf, den Transport und die Lieferung von Waren oder Dienstleistungen)
  - **Personalverwaltung**: automatisierte Verwaltung von Personalakten und -verträgen (Verwaltung, Berechnung der Gehälter, Treffen von Personalentscheidungen)
  - **Rechnungsstellung** und Zahlungen: automatisierte Generierung von Rechnungen und Verarbeitung von Zahlungen
  - **Treuhanddienste**: automatisiertes Überweisen von Geldern erst, wenn bestimmte Bedingungen erfüllt sind

- **Lieferketten-Management / Supply-Chain-Management**:
erhöhte Effizienz durch Automatisierung bei Transport,
Lagerung und Verkauf von Waren, verbesserte Verfolg-
barkeit von Gütern

■ **Automatisierung im E-Commerce**
Automatisierter Kauf- und Verkaufsprozess von Produkten und
Dienstleistungen online (durch Überprüfung von Bestellungen,
Überweisung von Geldern und die Verfolgung von Lieferungen)

■ **Automatisierung im Kundendienst**
Automatisierte Beantwortung und Nachverfolgung von
Kundenanfragen, Bearbeitung von Kundenbeschwerden

■ **Automatisierung bei Lizenzen und Rechten**
Automatisierte Verwaltung von Lizenzen und Rechten (durch
Überprüfung von Lizenzen, Überweisung von Lizenzgebühren
und Verfolgung von Rechten)

■ **Automatisierung bei Versicherungen**
Optimierung und beschleunigte Bearbeitung der Verwaltung
von Versicherungspolicen durch automatisierte Überprüfung der
Policen und Ansprüche, Berechnung der Prämien und Verfolgung der Zahlungen

■ **Elektronische Wahlen**
Automatisierte Durchführung von elektronischen Wahlen:
Sobald die Abstimmung abgeschlossen ist, zählt der intelligente
Vertrag automatisch die Ergebnisse und gibt das Ergebnis
bekannt.

In Zukunft werden Smart Contracts viele Verträge, Prozesse, Transaktionen und Beglaubigungen ersetzen, wodurch manuelle Prozesse
überflüssig werden und somit Zeit und Geld gespart wird.

Kryptowährungen

Kryptowährungen sind digitale Währungen, die auf kryptografischen Verfahren basieren und zur Durchführung von Transaktionen im Internet und zukünftig auch im Metaverse verwendet werden. Es gibt unzählige digitale Währungen wie Bitcoin (BTC), Ether (ETH), Litecoin (LTC), Monero (XMR) oder Solana (SOL) mit jeweils einzigartigen Eigenschaften und Anwendungen. Sie existieren nur virtuell und gelten als nächste große Revolution im weltweiten Zahlungsverkehr, unterliegen jedoch einer hohen Volatilität. Wie jede herkömmliche Währung oder Papiergeld kann auch Kryptowährung umgetauscht und gehandelt werden.

Kryptowährungen werden durch ein Netzwerk von Nutzern verwaltet, die ihre Rechner für die Verarbeitung von Transaktionen und die Sicherung des Netzwerks nutzen. Diese Nutzer werden als »Miner« bezeichnet und erhalten als Belohnung für ihre Bemühungen eine bestimmte Anzahl von Kryptowährungseinheiten. Die Miner tragen dazu bei, dass das Netzwerk sicher und stabil bleibt, indem sie Transaktionen verarbeiten und neue Blöcke in die Blockchain aufnehmen.

Kryptowährungen werden in einer digitalen Brieftasche, der sogenannten Wallet, gespeichert und übertragen. Die Brieftasche enthält eine öffentliche Adresse, die zum Empfang von Kryptowährungen verwendet wird, sowie einen privaten Schlüssel zum Senden.

Kryptowährungen werden in der Regel durch eine Blockchain-Technologie gesichert, die eine dezentralisierte Aufzeichnung von Transaktionen ermöglicht. Sie werden häufig als alternative Währungen oder als Investitionsmöglichkeit verwendet, ihre Verwendung und Akzeptanz variiert jedoch weltweit. In Ländern wie den USA, Kanada, der EU, Japan und Australien werden Kryptowährungen im Allgemeinen akzeptiert und es gibt etablierte Regulierungsrahmen, die sie regeln. In Ländern wie China und Indien sind Kryptowährungen jedoch stark reguliert oder sogar verboten.

Bitcoin

Bitcoin (BTC) war die erste Kryptowährung auf dem Markt und ist immer noch die größte und am häufigsten genutzte digitale Währung.

Sie basiert auf der Bitcoin-Blockchain, welche die Grundlage für viele alternative Kryptowährungen bildet. Die Bitcoin-Blockchain ist eine dezentrale digitale Datenbank für Transaktionen, die durch Kryptografie gesichert ist und die Verwendung von Bitcoin ermöglicht.

Der Bitcoin sowie die Bitcoin-Blockchain wurde, wie bereits erwähnt, 2009 von Satoshi Nakamoto entwickelt und veröffentlicht. Im Gegensatz zu traditionellen Währungen, die von Regierungen oder Zentralbanken ausgegeben werden, wird Bitcoin dezentral von vielen Nutzern im Internet verwaltet.

Die maximale Anzahl von Bitcoin, die jemals existieren werden, ist auf 21 Millionen festgelegt. Dies wurde im Bitcoin-Protokoll festgelegt und ist eine Art von Inflationsschutz, der sicherstellen soll, dass der Wert von Bitcoin nicht durch eine unbegrenzte Menge an neuen Bitcoin verwässert wird.

Der wichtigste Vorteil von Bitcoin ist, dass es ein sicheres und effizientes Zahlungsmittel ist, das keine Zwischenhändler oder Banken benötigt. Aufgrund dieser Eigenschaften wird Bitcoin oft als eine Art »digitales Gold« betrachtet, das als Wertspeicher dienen kann.

Einer der größten Nachteile von Bitcoin ist der enorme Energieverbrauch, der für die Verarbeitung von Transaktionen erforderlich ist. Die Bitcoin-Blockchain nutzt ein Proof-of-Work-Konsensverfahren, bei dem die Miner Mathematikprobleme lösen müssen, um neue Blöcke zu validieren und zum Netzwerk hinzuzufügen. Dieser Prozess erfordert eine Menge Rechenleistung und verbraucht daher viel Energie.

Weitere Nachteile sind die hohe Volatilität, langen Transaktionszeiten und die noch mangelnde Akzeptanz in der analogen Welt.

Ethereum

Ethereum ist eine Open-Source-Blockchain-Plattform, die 2014 von Vitalik Buterin entwickelt wurde. Im Gegensatz zu Bitcoin, das hauptsächlich als digitales Zahlungsmittel und Wertspeicher verwendet wird, bietet Ethereum erweiterte Funktionen, die es ermöglichen, dezentralisierte Anwendungen (dApps, siehe unten) und Smart Contracts zu erstellen und auszuführen.

Ethereum verwendet seine eigene Kryptowährung, Ether (ETH), als »Treibstoff« (engl. »Gasfee«) für das Netzwerk. Es wird genutzt, um Transaktionen auf der Ethereum-Blockchain zu verarbeiten und zu bestätigen sowie um die Ausführung von Smart Contracts und dApps zu bezahlen.

Ether gilt aktuell als die präferierte Kryptowährung für NFTs und DeFi-Anwendungen (dApps) und kann in vielen verschiedenen Bereichen eingesetzt werden, von Finanzdienstleistungen über Supply-Chain-Management bis hin zu Gaming-Anwendungen.

dApps

dApps, oder dezentrale Anwendungen, sind Applikationen, die auf einer dezentralen Plattform oder einem dezentralen Netzwerk ausgeführt werden. Beispiele für solche Plattformen sind die Ethereum-, EOS- und TRON-Blockchains. dApps können mithilfe von Smart Contracts implementiert werden, die selbstausführende Verträge sind, bei denen die Bedingungen der Vereinbarung zwischen Käufer und Verkäufer direkt in Codezeilen festgelegt werden.

Einer der Hauptvorteile von dApps ist, dass sie ebenfalls dezentralisiert sind. Dies macht sie widerstandsfähig gegen Zensur und Manipulation, da es keinen zentralen Ausfallpunkt gibt, der angegriffen werden kann. Darüber hinaus können dApps aufgrund ihrer Basis auf der Blockchain-Technologie transparent und sicher sein, was den Nutzern ein hohes Maß an Vertrauen und Zuversicht in ihren Betrieb verleiht.

Dies macht sie ideal für Anwendungen, die ein hohes Maß an Vertrauen, Privatsphäre und Sicherheit erfordern, wie z. B. Finanzanwendungen, Wahlsysteme und Lieferkettenmanagement. Sie haben das Potenzial, traditionelle Geschäftsmodelle zu ersetzen und die Art und Weise, wie wir miteinander und mit der Welt um uns herum interagieren, grundlegend zu verändern.

Ein Beispiel für den Mehrwert einer dApp ist ein dezentrales Finanzsystem (DeFi, siehe unten), das Nutzern ermöglicht, Geld ohne die Hilfe von Banken zu senden und zu empfangen. Ein weiteres Beispiel ist eine dApp, mit der Nutzer ihre eigenen Daten und Vermögenswerte in einem dezentralen Datenregister verwalten können. Weitere Beispiele für dApps sind MetaMask, OpenSea, Uniswap oder CryptoKitties.

DeFi

»DeFi« oder »Decentralized Finance« beschreibt finanzielle Dienstleistungen und Anwendungen, die auf einer dezentralen Plattform wie z. B. der Ethereum-Blockchain ausgeführt werden.

DeFi-Anwendungen sind in der Regel Open-Source-Software, die es Nutzern ermöglicht, finanzielle Transaktionen und Verträge direkt über das Internet abzuschließen, ohne dass es einer zentralen Autorität bedarf, die die Transaktionen bestätigt oder überwacht.

DeFi-Anwendungen umfassen eine Vielzahl von Dienstleistungen, wie zum Beispiel die Möglichkeit, Kryptowährungen zu senden und zu empfangen, Devisen zu handeln, Kredite aufzunehmen oder zu vergeben und Investitionen in verschiedene Vermögenswerte zu tätigen. Sie bieten Nutzern in der Regel auch die Möglichkeit, ihre eigenen Finanzen zu verwalten und zu überwachen, indem sie finanzielle Tools und Funktionen bereitstellen.

Eines der Hauptziele von DeFi ist es, den Nutzern mehr Kontrolle und Transparenz über ihre Finanzen zu bieten, indem sie die Dienste von Dritten wie Banken, Brokern oder Finanzinstituten umgehen. DeFi-Anwendungen bieten darüber hinaus die Möglichkeit, Finanztransaktionen und Verträge schneller und effizienter abzuschließen, da sie in einem dezentralen Netzwerk ausgeführt werden und keine zentrale Genehmigung erfordern. Diese Verträge werden als »Smart Contracts« bezeichnet. Sie werden in Zukunft zunehmend die traditionellen Finanzinstrumente ersetzen.

Token

Ein Token (zu Deutsch »Wertmarke«) ist eine digitale Darstellung eines Vermögenswerts, der einen Wert und/oder eine Funktion hat. Er kann für verschiedene Dinge verwendet werden, wie zum Beispiel für Grundstücksrechte, Musikrechte oder andere Vermögenswerte. Im Kontext des Internets ist ein Token ein digitales Gut oder ein digitales

Recht, das als Ersatz für eine physische Währung oder als vertragliche Einheit verwendet wird.

Token werden häufig in Verbindung mit Blockchain-Technologie verwendet, um digitale Transaktionen zu verifizieren und zu sichern. Sie werden oft in Initial Coin Offerings (ICOs), also Wertmarken-Angebotsinitiativen verkauft, bei denen Investoren Token kaufen können, um in ein bestimmtes Projekt oder Unternehmen zu investieren.

Es gibt unterschiedliche Arten von Token:

Zahlungs-Token

Hierbei handelt es sich um digitale Vermögenswerte, die Kryptografie für die Sicherheit nutzen und an Kryptowährungsbörsen gehandelt werden können. Beispiele hierfür sind Bitcoin und Ethereum. Sie werden häufig auch als Zahlungs-Token bezeichnet, da sie verwendet werden, um Zahlungen im Internet durchzuführen, entweder als Ersatz für traditionelle Währungen oder als Mittel zum Kauf von digitalen Gütern und Dienstleistungen in bestimmten Netzwerken.

Sicherheits-Token

Diese werden verwendet, um die Sicherheit von Netzwerkverbindungen zu erhöhen, indem sie als zusätzliche Authentifizierungsmethode verwendet werden. Außerdem können diese Token das Eigentum an einem bestimmten Vermögenswert repräsentieren, z.B. einem Unternehmen, einer Immobilie oder auch an Rohstoffen wie Gold. Sie können den Inhaber zu Dividenden, Stimmrechten oder anderen Vorteilen berechtigen. Der Token kann also gegen den zugrundeliegenden Vermögenswert getauscht werden.

Utility-Token

Diese Token geben ihren Inhabern Zugang zu einem bestimmten Produkt, einer Dienstleistung oder Funktion innerhalb eines Netzwerks. Sie können genutzt werden, um auf eine dezentrale Anwendung (dApp) zuzugreifen oder um über Governance-Entscheidungen innerhalb einer dezentralen Organisation abzustimmen.

Straßenverkehrsamt in Kalifornien[8]

Das kalifornische Straßenverkehrsamt (DMV) wird die Tezos-Blockchain für die Digitalisierung von Fahrzeugbriefen und Eigentumsübertragungen als NFTs testen. Die NFTs bringen dabei einen technischen Nutzen, weswegen sie als Utility-Token bezeichnet werden. Die Behörde darf nach einem erfolgreichen Test auch eine Anwendung für Fahrzeug-Registrierungen veröffentlichen. Dies ist ein großer Schritt für die Masseneinführung der Blockchain-Technologie.

Neben der Digitalisierung von Fahrzeugbriefen ist das Ziel, die Übertragung von Eigentumsverhältnissen bei Kauf und Verkauf zu erleichtern. DMV geht davon aus, dass die Digitalisierung und Übertragung von Fahrzeugbriefen ab April 2023 möglich sein wird. Später soll sogar die Verwendung digitaler Wallets möglich sein.

Das kalifornische Straßenverkehrsamt hat sich für die Blockchain-Technologie aufgrund ihrer Flexibilität, Sicherheit, Dezentralität, Möglichkeit zur Verwendung von Smart Contracts und geringem CO_2-Fußabdruck entschieden.

Non-Fungible Token (NFT)

Diese wohl bekannteste Art der Token stellen einzigartige, einmalige, unveränderbare Vermögenswerte dar, wie z. B. digitale Kunst oder Sammlerstücke. Sie gelten im Web3 als ein eindeutiger digitaler Besitz- oder Echtheitsnachweis von immateriellen Gütern. Sie sind nicht austauschbar und haben oft einen Wert aufgrund ihrer Seltenheit oder Einzigartigkeit. Beispiele für NFTs sind digitale Kunstwerke, virtuelle Objekte wie Avatare, Bekleidung, Gegenstände, Grundstücke, Immobilien, Eintrittskarten oder Zugänge, aber auch Nutzungsrechte oder Lizenzen. NFTs sind somit ein wichtiger Baustein für den Handel im Metaverse. Sie werden bereits heute dazu verwendet, um digitale wie auch physische Güter online zu kaufen, zu besitzen und zu handeln. NFTs werden auf Web3-Handelsplätzen wie OpenSea, Rarible und Mintable angeboten und gehandelt.

Minting

Minting ist der Prozess der Erstellung eines neuen, einzigartigen Non-Fungible Token (NFT) und dessen Veröffentlichung auf einer Blockchain. Der Begriff »Minting« ist abgeleitet von »mint«, dem Prozess des Prägens einer Münze. Im Kontext von NFTs bedeutet es, ein neues, einzigartiges Token zu erstellen und diesen auf einer Blockchain zu veröffentlichen. Wenn er in einer Blockchain gespeichert ist, hat er eine eindeutige Identifikationsnummer, die sich von anderen NFTs unterscheidet.

Um NFTs zu kaufen, benötigt man eine Kryptowährung, die wiederum in einem digitalen Crypto-Wallet wie MetaMask aufbewahrt wird. Da die meisten NFTs aktuell noch auf der Ethereum-Blockchain basieren, braucht man für deren Kauf die dazugehörige Währung Ether (ETH). Bekannte NFT-Kollektionen sind beispielsweise CryptoPunks, Bored Ape Yacht Club, Clone X.

Soulbound-Token (SBT)

Im Zusammenhang mit Blockchain, Kryptowährungen oder anderen digitalen Token wird der Begriff »soulbound« verwendet, um einen Token zu beschreiben, der an eine bestimmte Person oder Einrichtung gebunden ist und nicht übertragen oder verkauft werden kann.

Beispiele für eine passende Verwendung eines Soulbound-Token sind Reisepass, Führerschein, Abschlusszertifikate o. Ä. Sie sollen bewusst nicht gehandelt werden können und sind damit sozusagen das Gegenteil zu NFTs.

Wallet

Eine Digital Wallet (deutsch: Geldbörse) ist ein Ort, an dem man Kryptowährungen oder NFTs sicher aufbewahren kann. Wallets ermöglichen es den Besitzern, auf ihre virtuellen Bestände und Güter zuzugreifen, sie zu übermitteln und zu empfangen. Krypto-Wallets gibt es in Form von Software (sogenannte Hot-Wallets), wie MetaMask, oder für die langfristige und besonders sichere Aufbewahrung größerer Beträge als Hardware (sog. Cold-Wallets), wie z. B. Ledger. Eine detaillierte Einleitung zur Einrichtung einer Wallet finden Sie in Kapitel 8.

Hochleistungscomputer

Die Rechenleistung, die das Metaverse benötigt, um 3D-Welten, Umgebungen und Objekte, die Avatare sowie die Animation in Echtzeit zu berechnen, ist extrem hoch. Heutige Computerhardware ist noch nicht in der Lage, die Zukunftsvision eines realitätsnahen Metaverse mit Millionen oder gar Milliarden Nutzern, ihren fotorealistischen Avataren und unzähligen virtuellen Welten darzustellen.

Um diese hohe Leistung zu erbringen, gibt es derzeit verschiedene Lösungsansätze:

Rechenzentren

Hochleistungs-Rechenzentren spielen bei der Bereitstellung von Inhalten und Diensten für das Internet und später auch für das Metaverse eine wesentliche Rolle, da sie die notwendige Leistung und Skalierbarkeit bieten, um die hohen Anforderungen zu erfüllen. Sie verfügen über leistungsfähige Server-Farmen und Netzwerk-Infrastrukturen, die in der Lage sind, die enormen Daten zu verarbeiten. Die Nachteile sind die hohen Kosten, der enorme Ressourcenverbrauch, die geringere Flexibilität und Abhängigkeit von einer einzigen Infrastruktur sowie die hohen Latenzzeiten.

Cloud-Computing

Das Metaverse wird in der Regel über die Cloud bereitgestellt, sodass die Nutzer von jedem Ort der Welt darauf zugreifen können. Durch den Einsatz von Cloud-Computing können große Datenmengen und Rechenleistung schnell und effizient bereitgestellt werden, was für die Unterstützung von Millionen von Nutzern im Metaverse erforderlich ist. Aber natürlich gibt es auch Nachteile wie die Abhängigkeit von einem externen Anbieter, Sicherheitsbedenken, Kosten, eingeschränkte Kontrolle und die Netzwerklatenzen (also Verzögerungen).

Edge-Computing

Eine weitere Möglichkeit ist das sogenannte Edge-Computing. Hierbei werden Daten und Inhalte nicht in zentralisierten Rechenzentren verarbeitet, sondern in »Edge«-Geräten, die in der Nähe des Nutzers oder der Quelle der Daten liegen. Dies können beispielsweise Router oder IoT-Geräte (IoT = Internet of Things) mit speziellen Grafikprozessoren (GPUs) sein.

Edge-Computing ermöglicht es, die Latenzzeiten massiv zu verringern und die Verfügbarkeit von Inhalten und Diensten zu erhöhen, da die Daten nicht erst zu Server-Farmen an einem entfernten Standort oder der Cloud gesendet werden müssen. Auch kann es dazu beitragen, die Skalierbarkeit und Zuverlässigkeit des Metaverse zu verbessern, indem es die Rechenressourcen und die Datenspeicherung näher an den Nutzern verteilt, anstatt sich auf eine zentrale Infrastruktur zu verlassen. Dies kann das Risiko von Engpässen oder Ausfällen verringern und ein nahtloses, reaktionsschnelles Nutzererlebnis ermöglichen.

Quantencomputer

Eine Zukunftstechnologie, die das Potenzial hat, die Computerwelt grundlegend zu revolutionieren, ist das Quantencomputing. Ein Quantencomputer rechnet millionenfach schneller als ein herkömmlicher Computer und löst Rechenschritte parallel und nicht nacheinander. Er nutzt die Gesetze der Quantenmechanik und ermöglicht die simultane Berechnung komplexester Problemstellungen in sehr kurzer Zeit. Auch wenn es bereits vereinzelnde Systeme in Laboren gibt, so wird es noch mindestens ein Jahrzehnt dauern, bis diese vermehrt zum Einsatz kommen.

Quantencomputer

Es gibt viele weitere Bereiche, in denen Quantencomputer in Zukunft von Nutzen sein könnten, zum Beispiel:

im Metaverse:
Quantencomputer werden in der Lage sein, komplexe Berechnungen in sehr kurzer Zeit durchzuführen, was für die Simulation von realistischen 3D-Umgebungen und die Bereitstellung von immersiven Erlebnissen von Vorteil sein wird. Auch könnten sie zur Optimierung von Netzwerken und zur Verbesserung der Sicherheit beitragen.

in den Materialwissenschaften:
Quantencomputer können verwendet werden, um Materialien und Moleküle zu simulieren und zu verstehen, wie sie sich verhalten, was zu neuen Entdeckungen in Bereichen wie der Energiespeicherung, dem Katalysatordesign und der Medikamentenentwicklung führen könnte.

in Logistik und Transport:
Quantencomputer können verwendet werden, um komplexe Transportprobleme zu lösen und bessere Routen für Transporte zu finden.

bei Finanzen:
Mithilfe von Quantencomputern lassen sich Finanzmodelle und Risikoanalysen durchführen und bessere Entscheidungen über Investitionen und Handelsstrategien treffen.

in Chemie und Pharmazie:
Quantencomputer können verwendet werden, um neue Medikamente zu entwickeln und zu simulieren, wie sie sich auf den menschlichen Körper auswirken.

bei der Kryptografie:
Quantencomputer werden in der Lage sein, selbst komplexe Arten der Verschlüsselung zu entziffern, die von herkömmlichen Computern nicht entschlüsselt werden können. Dies wird erhebliche Auswirkungen auf die Sicherheit von Online-Transaktionen und -Kommunikation haben.

Universal Scene Description

Universal Scene Description (USD) ist ein offenes Datei- und Austauschformat sowie eine Sammlung von Tools, mit denen man 3D-Modelle und -Simulationen erstellen, bearbeiten und rendern kann. Es wurde ursprünglich von Pixar Animation Studios entwickelt und ist darauf ausgelegt, sehr große und komplexe 3D-Szenen zu bearbeiten.

USD wird bei der Entwicklung des Metaverse eine wichtige Rolle spielen, da es vor allem Entwicklern ermöglicht, 3D-Inhalte zu entwerfen, zu verwalten und zwischen verschiedenen 3D-Tools und -Programmen auszutauschen, ohne dass Informationen verloren gehen. Dies verbessert die Interoperabilität sowie die Skalierbarkeit und Erweiterbarkeit der Plattformen.

Dank seines Designs und seiner Funktionen entwickelt sich USD gerade zu einem offenen Standard und Austauschformat für das Metaverse.

Metaverse-Plattformen

Metaverse-Plattformen sind Online-Plattformen, die es Nutzern ermöglichen, in virtuelle Welten einzutauchen, sich mit anderen zu verbinden, ihre eigenen virtuellen Räume und Erlebnisse zu erschaffen und sie mit anderen zu teilen. Oftmals bieten sie eine Reihe von Werkzeugen und Funktionen, wie beispielsweise 3D-Modellierung, um Gebäude, Umgebungen und ganze Welten zu erstellen, und stellen auch die technischen Voraussetzungen zur Verfügung, um Interaktionen zwischen Nutzern zu ermöglichen.

Nachfolgend eine Auswahl an populären Metaverse-Plattformen.

Decentraland

»Decentraland« wurde im Jahr 2017 gegründet und ist eine Metaverse-Plattform, die auf der Ethereum-Blockchain basiert. Es ist eine virtuelle Welt, in der Menschen interagieren, spielen, lernen und sogar arbeiten können. Sie ermöglicht es, virtuell Grundstücke zu kaufen, eigene Erlebnisse zu erstellen und zu teilen und in der virtuellen Welt zu interagieren.

Die Plattform besteht aus etwa 90.000 Grundstücken, auch »Parcels« genannt. Diese Parzellen sind NFTs (Non-Fungible Tokens) und können mit der eigenen Kryptowährung »MANA« gekauft werden. Auf diesen Parzellen können dann eigene Immobilien, interaktive Spiele oder auch Geschäfte aufgebaut werden. Auch ist es möglich, eigene NFTs, wie z. B. Kunst oder Avatar-Kleidung, zum Verkauf anzubieten.

Als Decentraland startete, konnte man ein virtuelles Grundstück zum Preis von 20 Dollar kaufen. Mit dem Hype um NFTs und das Metaverse sind die Kosten in die Höhe geschossen: Ende 2022 bekam man eine Parzelle für 4199 MANA, was umgerechnet etwa 3569 Euro entspricht.

In Decentraland gibt es keine zentrale Autorität, die die Regeln festlegt oder die Kontrolle über den Raum hat. Stattdessen ist Decentraland dezentral organisiert und wird von seinen Nutzern selbst verwaltet.

Laut internen Daten der Decentraland Foundation liegt die Zahl der täglich aktiven Nutzer (DAU) derzeit bei etwa 8000. Im September 2022 wurden 56.697 monatlich aktive Nutzer (MAU) gezählt sowie 6315 virtuelle Wearables auf dem Marktplatz verkauft.

Unternehmen wie Samsung, Nike, Cola-Cola, Starbucks, Domino's, Adidas, Atari und Gucci oder Celebrities wie der Rapper Snoop Dogg unterhalten virtuelle Grundstücke und sind auf Decentraland aktiv.

The Sandbox

»The Sandbox« ist ein Online-Multiplayer-Spiel, das im Jahr 2012 ursprünglich für Smartphones entwickelt wurde.

Heute ist es eine blockchainbasierte Metaverse-Plattform, auf der Nutzer eigene Spiele und Erlebnisse in einer virtuellen Welt erschaffen und teilen können. Die Plattform bietet Werkzeuge und Funktionen, um eigene 3D-Umgebungen und -Charaktere zu gestalten und zu animieren und sie dann in der virtuellen Welt zu veröffentlichen und zu teilen.

The Sandbox verwendet NFTs, um die Einzigartigkeit und das Eigentumsverhältnis von Inhalten in der virtuellen Welt zu verifizieren. Nutzer können ihre eigenen NFTs erstellen und verkaufen, um ihre Inhalte zu monetarisieren.

The Sandbox hat sich in den letzten Jahren zu einer beliebten Plattform für die Erstellung und den Austausch von blockchainbasierten Spielen und virtuellen Welten entwickelt und hat eine aktive Community von Nutzern und Entwicklern.

Laut eigenen Angaben[9] sind bereits mehr als 200 Marken auf der Plattform aktiv, darunter bekannte Brands wie Atari, Adidas, Samsung, Gucci, Warner Music Group oder die Unternehmensberatung PwC.

Aktuell (Stand März 2023) gibt es noch keine offiziellen Nutzerzahlen.

Meta Horizon

Mark Zuckerbergs Meta Platforms Inc., kurz Meta, entwickelt derzeit ein ganzheitliches Metaverse-Konzept und will mit »Horizon Worlds« und »Horizon Workrooms« den Grundstein für sein eigenes, viel gepriesenes Metaverse legen.

Horizon Worlds wird von Meta als »soziales VR-Erlebnis« beschrieben, ein Konzept, das jedoch jedem bekannt vorkommen dürfte, der schon einmal Second Life oder Roblox (mehr dazu weiter unten) gesehen hat. Es ist im Wesentlichen eine Möglichkeit, einen eigenen Avatar zu gestalten, damit in virtuelle Welten einzutauchen, neue Spieler zu treffen und sich mit Freunden zu verabreden. Man kann gemeinsam neue Orte entdecken, interaktive Rätsel lösen oder gegeneinander spielen. »Horizon Venues« ist Teil von Horizon Worlds; hier können Nutzer gemeinsam mit Freunden virtuelle Konzerte, Sportveranstaltungen, Events oder Filme in VR erleben.

Neben dem geselligen Beisammensein wird in Horizon Worlds auch viel Wert auf die Kreation der Spieler gelegt. So kann man eigene VR-Erlebnisse erstellen, neue Orte und Welten erschaffen und sie mit der Community teilen. Ausgewählte Creator können ihre eigenen Inhalte sogar monetarisieren. Auf der Website von Meta und auf YouTube gibt es eine Vielzahl von Tutorials, die den Spielern den Einstieg und Erstellungsprozess erleichtern.

In Deutschland wird Horizon Worlds voraussichtlich im Sommer 2023 als VR-App im Meta Quest Store verfügbar sein. Später soll es auch als App für iOS und Android veröffentlicht werden. Eine Browser-Variante ist ebenfalls geplant, damit es jeder auf dem Desktop-Computer nutzen kann (Stand März 2023).

Horizon Workrooms ist eine Plattform und App für virtuelle Business-Meetings. Man trifft sich über seinen Avatar mit Kollegen in einem dreidimensionalen Meetingraum, sitzt zusammen an einen Tisch und kann gemeinsam am Whiteboard Ideen skizzieren. Bei Bedarf wird der eigene PC-Bildschirm geteilt und Mitarbeiter ohne VR-Headset können sich per Video-Chat zuschalten. Zukünftig erlaubt Horizon Workrooms sogar das Zuschalten von Teilnehmern aus Zoom oder MS

Teams. Dies ermöglicht es Mitarbeitern und interdisziplinären Teams, von überall aus an Besprechungen teilzunehmen und zusammenzuarbeiten, ohne dass sie sich an einem bestimmten Ort befinden müssen.

NVIDIA Omniverse

»Omniverse« ist eine Open-Source-Plattform für die Entwicklung und den Betrieb von industriellen Metaverse-Anwendungen.

Die Plattform wurde entwickelt, um es Unternehmen und Teams zu ermöglichen, gemeinsam an 3D-Projekten zu arbeiten, indem sie eine gemeinsame Plattform zum Erstellen, Anzeigen und Bearbeiten von 3D-Inhalten nutzen. Sie bietet viele Werkzeuge und Schnittstellen für die Entwicklung von Anwendungen und Simulation in virtuellen Welten. Das System ist kompatibel mit einer Vielzahl von 3D-Tools, nutzt das Austauschformat Universal Scene Description (USD) und bietet integrierte Simulationen und Analysefunktionen.

Omniverse wird bereits in einer Vielzahl von Branchen eingesetzt, unter anderem in der Architektur, im Ingenieurwesen, in der Film- und Spieleindustrie sowie in der Automobilindustrie. Siemens und der Grafiksystemhersteller NVIDIA arbeiten gemeinsam seit 2022 an einem industriellen Metaverse und nutzen hierfür Omniverse, um den Einsatz von digitalen Zwillingen auf der Basis von künstlicher Intelligenz voranzutreiben. Damit soll die industrielle Automatisierung auf ein neues Niveau gehoben werden. Mehr finden Sie unter: *https:// nvidia.com/omniverse*

Weitere Metaverse-Plattformen

Es gibt noch viele weitere Metaverse-Plattformen, die jeweils ihren eigenen Schwerpunkt und ihre Zielgruppen haben. Hierzu gehören Upland, Voxels, Somnium Space, VR Worlds (von Sony), Axie Infinity, Sorare, Illuvium, Metahero, Bloktopia, RobotEra, Star Atlas und auch das bereits vorgestellte Second Life.

Eine aktuelle Liste mit weiteren relevanten Metaverse-Plattformen finden Sie auf unserer Buch-Website unter: *www.metaverse-buch.de/links*

Spiele-Plattformen als Vorreiter für das Metaverse

Die Spieleindustrie ist ein großer und bedeutender Wirtschafts-
faktor und umfasst eine Vielzahl von Plattformen und Genres, von
mobilen und PC-Spielen bis hin zu Konsolen- und VR-Spielen. Die
Spielebranche ist eine der führenden Branchen bei der Entwicklung
von Technologien, die für das Metaverse von großer Bedeutung
sind, wie z.B. 3D-Grafik, Virtual Reality, Avatare und eine digitale
Wirtschaft.

Erst 3D-Technologien haben es Spieleentwicklern ermöglicht, realistischere und immersivere Spielwelten zu schaffen, während VR-
Technologien es den Spielern ermöglichen, in virtuelle Welten einzutauchen und interaktive Erfahrungen zu machen. Durch Avatare
können Spieler ihre digitalen Identitäten in Spielen und anderen
digitalen Umgebungen nutzen, und In-Game-Käufe erlauben es,
zusätzliche virtuelle Inhalte, Gegenstände, Funktionen oder Fähigkeiten freizuschalten.

Weltweit gibt es aktuell ca. drei Milliarden Menschen über alle Al-
tersklassen hinweg, die Computerspiele spielen – vom einfachen
Handyspiel über den PC bis hin zur Spielekonsole, wie der Play-
Station oder der Xbox.

Dennoch wird Gaming von vielen Unternehmern und Entscheidern
noch immer belächelt und wirtschaftlich als Nischenmarkt abge-
tan. Dabei ist den wenigsten bewusst, dass diese Industrie (laut
Accenture[10]) mit einem jährlichen Umsatz von über 300 Milliarden
Dollar größer und finanzstärker ist als die Film- und Musikindustrie
zusammen.

Roblox

Roblox wurde 2005 gegründet und ist eine Online-Gaming-Platt-
form für alle gängigen Endgeräte, auf der Nutzer ihre eigenen virtuellen Spiele und Welten erstellen, teilen und gemeinsam spielen
können. Die Plattform richtet sich vor allem an Kinder und Jugend-
liche, die ihre Kreativität ausleben möchten. ►►

Laut eigenen Angaben sind etwa drei Viertel der amerikanischen Kinder im Alter von neun bis zwölf Jahren auf Roblox aktiv. Weltweit hat die Plattform über 200 Million monatlich aktive Nutzer. Damit gehört es zu den größten Gaming-Plattformen der Welt.

Roblox zeigt Grundsätze eines Metaverse. So können Spieler ihre eigenen Avatare erstellen, neue Welten erschaffen, virtuelle Produkte mit einer eigenen digitalen Währung kaufen und mit anderen Menschen in virtuellen Räumen interagieren.

Die Plattform bietet eine Vielzahl verschiedener Spiele in unterschiedlichen Genres, von Rollenspielen, Abenteuern, Rennspielen bis hin zu Simulationen. Auch bietet es eine große Auswahl von Bildungsspielen, die darauf ausgelegt sind, Kinder zu fördern und zu unterstützen. Oftmals wird es als eine Art »virtuelles Legoland« beschrieben, da es über blockartige Grafiken verfügt und die Nutzer ihre eigenen Spiele und Welten aus Bausteinen erstellen können.

Roblox ist ein Free-to-Play-Spiel, es gibt jedoch eine Vielzahl kostenpflichtiger Funktionen, die Nutzer durch den Kauf der In-Game-Währung »Robux« oder durch Abonnements erwerben können. Die virtuelle Währung kann verwendet werden, um besondere Gegenstände oder Funktionen in Spielen zu kaufen. Abonnements bieten Nutzern Zugang zu exklusiven Funktionen und Inhalten. Während es zahlreiche kostenlose Spiele gibt, haben Nutzer die Möglichkeit, ihre selbst erstellten Inhalte gegen die virtuelle Währung Robux anzubieten. Zudem wurden zahlreiche Partnerschaften mit bekannten Unternehmen und Marken wie Gucci, Burberry, Nike, Tommy Hilfiger oder der FIFA geschlossen, um exklusive Inhalte und virtuelle Güter anzubieten.

Roblox hat sich zu einer der größten Online-Plattformen für Multiplayer-Spiele entwickelt und wird von Millionen von Nutzern weltweit genutzt. Laut Geschäftsbericht machte das börsennotierte Unternehmen im Jahr 2021 einen Umsatz von 1,9 Milliarden Dollar.

Minecraft
Minecraft ist ein 3D-Open-World-Spiel, das 2011 veröffentlicht wurde. Im Jahr 2014 wurde es von Microsoft für 2,5 Milliarden ▶▶

Dollar gekauft. Minecraft hat sich zu einem der beliebtesten Spiele der Welt entwickelt und wird jeden Monat von durchschnittlich 175 Millionen Menschen gespielt.

Das Spiel ist in vielerlei Hinsicht einzigartig und hat vor allem bei jüngeren Spielern eine enorme Beliebtheit. In Minecraft können die Spieler ihrer Fantasie freien Lauf lassen und nahezu alles bauen, was sie sich vorstellen können. Sie sammeln Ressourcen, wie Holz, Steine und Erze, und nutzen diese, um Gebäude, Werkzeuge und Waffen herzustellen, bauen Getreide an und züchten Nutztiere, müssen sich jedoch auch gegen Monster und andere feindliche Kreaturen wehren.

Minecraft hat eine sehr aktive Community, die Modifikationen und Add-ons für das Spiel erstellt, um das Spielerlebnis noch weiter zu verbessern.

Im Oktober 2022 hat der Luxusmode-Hersteller Burberry eine Partnerschaft mit Minecraft angekündigt. Die Zusammenarbeit umfasst ein Online-Abenteuerspiel mit dem Titel »Burberry: Freedom to Go Beyond« sowie eine Minecraft-Kollektion. Das Ziel der Kooperation ist es, vor allem jungen Anhängern der Marken die Möglichkeit zu geben, sowohl physisch als auch digital in ein »typisches Burberry x Minecraft-Universum« einzutauchen.

Fortnite

Fortnite ist ein Free-to-Play-Multiplayer-Game und wurde 2017 von Epic Games entwickelt. Es hat bereits seit einigen Jahren Metaverse-ähnliche Funktionen mit virtuellen Welten, Avataren und einer eigenen digitalen Währung. Seit seiner Veröffentlichung hat es enorme Popularität erlangt und gehört mit seinen 350 Millionen aktiven Spielern pro Monat zu den beliebtesten und einflussreichsten Spielen der Welt.

Fortnite kann sowohl allein als auch mit Freunden gespielt werden. Die Cross-Play-Funktion ermöglicht es, mit Freunden auf verschiedenen Plattformen wie PC, Mac, Xbox, PlayStation oder Nintendo Switch zu spielen. Das Spiel hat auch eine aktive E-Sports-Szene, bei der professionelle Teams und Spieler in Turnieren ▶▶

auf der ganzen Welt gegeneinander antreten, um hohe Preisgelder zu gewinnen.

Fortnite bietet eine Vielzahl von virtuellen Outfits, Skins, Animationen und anderen kosmetischen Gegenständen, die Spieler mit der hauseigenen virtuellen Währung »V-Bucks« kaufen können, um ihren Charakter und Spielstil anzupassen.

In den letzten Jahren hat Fortnite viele Kooperationen mit bekannten Unternehmen und Franchises geschlossen, darunter Disney, Marvel, Star Wars, die NFL, Nike, Adidas und Polo Ralph Lauren. Diese Partnerschaften fügen dem Spiel neue kosmetische Gegenstände und Spielmodi hinzu und geben den Spielern die Möglichkeit, ihre Lieblingscharaktere und -universen in Fortnite zu erleben.

Fortnite brachte seinem Entwickler Epic Games mit virtuellen Gütern und Abos allein im Jahr 2020 einen Umsatz von 5,1 Milliarden US-Dollar.[11]

B2B-Plattform: Corporate Metaverse

Ein Corporate Metaverse, auch Enterprise Metaverse genannt, ist eine meist nicht öffentlich zugängliche geschützte Plattform, die von einem Unternehmen erstellt wurde und hauptsächlich für geschäftliche Zwecke verwendet wird. Es kann als Raum für Meetings, Events, Ausbildungen, Kunden-Veranstaltungen und andere berufliche Aktivitäten dienen und ist besonders nützlich, wenn Mitarbeiter oder Kunden räumlich getrennt sind und es schwierig ist, sich persönlich zu treffen. Der Zugang erfolgt meist über eine persönliche Einladung (invite-only). Damit ist ein Corporate Metaverse der Gegenentwurf zu einer öffentlichen Präsenz (Public Metaverse).

Ein Corporate Metaverse kann sowohl als Plattform für Mitarbeiter als auch für die Kommunikation und Interaktion mit Kunden genutzt werden.

Lösungen für Mitarbeiter

Ein Corporate Metaverse bietet zahlreiche Möglichkeiten, wie Mitarbeiter besser ausgebildet werden und effektiver zusammenarbeiten und kommunizieren können. Im Folgenden ein paar Beispiele:

- **VR-Recruiting**: Zum Testen und Interviewen von Bewerbern, ohne dass sie physisch anwesend sein müssen.
- **VR-Onboarding**: Eine Möglichkeit für neue Mitarbeiter, sich mit dem Unternehmen und ihren Kollegen vertraut zu machen. Mitarbeiter können von überall aus teilnehmen und interaktive Lerninhalte nutzen.
- **VR-Team-Building**: Eine Gelegenheit für Mitarbeiter, sich besser kennenzulernen und zu vernetzen.
- **VR-Meetings**: Meetings in einer VR-Umgebung, als wären alle Teilnehmer im selben Raum. Diese Art von Meeting ist besonders nützlich, wenn die Mitarbeiter räumlich getrennt sind.
- **VR-Collaboration**: Gemeinsame Arbeit an Projekten und Dokumenten, alle können sich frei in der virtuellen Welt bewegen und miteinander interagieren, als wären sie im selben Raum.
- **VR-Online-Meetings**: Besonders nützlich, wenn Mitarbeiter räumlich getrennt sind oder wenn es notwendig ist, sich in immersiven Räumen miteinander zu beraten.
- **VR-Trainings**: Mitarbeiter lernen in einer VR-Umgebung, wie sie bestimmte Aufgaben oder Prozesse ausführen können.
- **VR-Simulationen**: Training der Mitarbeiter in risikoreichen oder komplexen Umgebungen, ohne dass tatsächliche Gefahren entstehen.
- **Mitarbeiterportale**: Portale, über die Mitarbeiter von überall aus Zugang zu wichtigen Informationen, Dokumenten und anderen Ressourcen erhalten.
- **Social-Networking-Funktionen**: Mitarbeiter kommunizieren und vernetzen sich miteinander im Corporate Metaverse.
- **Corporate Events**: Plattform für hauseigene Veranstaltungen wie Konferenzen, Seminare, Workshops, Firmenfeiern und andere Events, an denen Mitarbeiter von überall aus teilnehmen und miteinander interagieren können, als wären sie vor Ort.

Lösungen für Kunden-Interaktion

Hier finden Sie einige Beispiele und Möglichkeiten, wie Unternehmen mit ihren Kunden in einem Corporate Metaverse agieren können:

- **VR-Showrooms**: Kunden können Produkte in 3D-Umgebungen betrachten und ausprobieren. Dies ist besonders nützlich, wenn die Produkte schwer zu transportieren oder teuer sind.
- **VR-Events**: Kunden nehmen in einer VR-Umgebung an zum Beispiel einer Produktpräsentation teil; die Events können auch in einer Marketingkampagne genutzt werden.
- **VR-Trainings**: Kunden lernen, wie sie bestimmte Produkte oder Dienstleistungen nutzen können.
- **Kunden-Meetings**: Online-Meetings, an denen Kunden teilnehmen und Fragen stellen können. Dies ist besonders nützlich, wenn Kunden räumlich getrennt sind oder wenn es notwendig ist, schnell und effektiv zu kommunizieren.
- **Kunden-Portale**: bieten Kunden nach Anmeldung von überall aus Zugang zu wichtigen Informationen, Dokumenten und anderen Ressourcen.

Anwendung

Ein Corporate Metaverse (wie auch viele andere Metaverse-Plattformen) lässt sich auf drei Arten nutzen: entweder über ein VR-Headset, über einen Webbrowser oder eine App.

- **VR-Headset**: Mit einer VR-Brille kann man direkt in das Metaverse eintauchen und sich dort durch den eigenen Avatar frei im virtuellen Raum bewegen sowie mit anderen Personen und Objekten interagieren. Der Nachteil dieser Lösung ist, dass man eine VR-Brille benötigt, welche die allermeisten Menschen noch nicht haben.
- **Browser**: Wesentlich einfacher ist die Nutzung des Metaverse über einen Webbrowser oder eine App, wofür man lediglich einen Desktop-PC, ein Tablet oder Smartphone benötigt. Hier steuert man seinen Avatar über die Maus oder den Finger, so wie man es von unzähligen Spielen gewohnt ist. Man kann hier zwar genauso mit virtuellen Objekten und Inhalten interagieren sowie über Chats, Sprache und Video mit anderen

kommunizieren und interagieren, über einen »normalen«
flachen Bildschirm entsteht jedoch kein wirklich immersives
Gefühl.

Herausforderungen

Natürlich gibt es auch Herausforderungen, die bei der Einführung und
Nutzung eines Corporate Metaverse zu berücksichtigen sind.

- **Akzeptanz**: Es kann schwierig sein, Mitarbeiter und Kunden
  davon zu überzeugen, ein Corporate Metaverse zu nutzen,
  insbesondere wenn sie an traditionelle Arbeitsmethoden gewöhnt sind.
- **Schwierigkeiten bei der Integration**: Für manche Mitarbeiter
  oder Kunden kann es schwierig sein, sich in einem Corporate
  Metaverse zurechtzufinden und die Funktionen und Möglichkeiten zu nutzen. Es ist wichtig, dass Unternehmen entsprechende
  Unterstützung und Schulung bereitstellen, um die Integration zu
  erleichtern.
- **Verlust des persönlichen Kontakts**: In einem Corporate
  Metaverse gibt es möglicherweise weniger persönlichen Kontakt zwischen Nutzern, da sie sich nicht an einem bestimmten
  Ort befinden. Dies kann dazu führen, dass die Kommunikation
  weniger persönlich wird und dass es schwieriger ist, Beziehungen aufzubauen und zu pflegen.
- **Kosten**: Die Erstellung und Pflege kann teuer sein. Unternehmen müssen in die Infrastruktur, die Entwicklung von Inhalten
  und die Schulung von Mitarbeitern investieren.
- **Technische Anforderungen**: Ein Corporate Metaverse kann
  hohe technische Anforderungen stellen, insbesondere wenn
  es als 3D-Virtual-Reality-Umgebung gestaltet ist. Mitarbeiter
  müssen entsprechende Hardware und Software nutzen, um teilnehmen zu können.
- **Datenschutz**: Unternehmen müssen sicherstellen, dass sie die
  Datenschutzgesetze einhalten, wenn sie ein Corporate Metaverse nutzen. Sie müssen sicherstellen, dass die Privatsphäre der
  Nutzer geschützt ist und dass vertrauliche Informationen nicht
  an Dritte weitergegeben werden.

- **Sicherheit**: Unternehmen müssen sicherstellen, dass ihr Corporate Metaverse sicher ist und dass keine unbefugten Personen Zugang haben. Sie müssen auch Maßnahmen zum Schutz vor Cyberbedrohungen ergreifen.

Im Vergleich zu den großen offenen Plattformen wie Decentraland, The Sandbox oder Meta Horizon bietet ein Corporate Metaverse die volle Kontrolle über den Aufbau, die Inhalte und den Zugriff auf das Portal.

In Kapitel 8 zeigen wir Ihnen, wie einfach es heutzutage ist, mit einem Baukasten ein eigenes Corporate Metaverse zu erstellen.

5. Die Wirtschaft im Metaverse

Ein Ort, der endlose Möglichkeiten verspricht, bietet natürlich ein gewaltiges finanzielles Potenzial für Unternehmen aus allen Bereichen der Wirtschaft. Laut Bloomberg Intelligence könnten die weltweiten Metaverse-Umsatzchancen im Jahr 2024 bei 800 Milliarden US-Dollar liegen. Dabei liegt das größte Potenzial vor allem im E-Commerce, Gaming, Banking, Live-Entertainment und in der Gesundheitsbranche.[12] Die Investmentbank Citi geht sogar noch weiter und schätzt, dass der Metaverse-Markt bis 2030 ein weltweites Volumen von bis zu 13 Billionen US-Dollar haben könnte – mit bis zu 5 Milliarden Nutzern.[13]

Diese sehr hohe Zahl an prognostizierten Nutzern basiert darauf, dass eine Vielzahl von Metaverse-Anwendungen zukünftig auch auf modernen Smartphones oder Tablets laufen. Heute können bereits mehr als drei Milliarden mobile Geräte Augmented-Reality-Anwendungen nutzen.

Vor diesem Hintergrund verwundert es nicht, dass weltweit praktisch alle großen Technologie-Unternehmen, Entwickler-Studios und Content-Anbieter an ihren eigenen Ideen und Visionen für das Metaverse arbeiten und dafür Milliardenbeträge investieren. Auch zahlreiche Kapitalanleger sind von einer Metaverse- und Web3-Zukunft überzeugt und investierten sehr viel Kapital in Start-ups und Beteiligungen.

Big-Tech-Konzerne

Die großen Tech-Unternehmen spielen eine wichtige Rolle bei der Entwicklung und Nutzung des Metaverse. Sie sind die treibende und finanzielle Kraft hinter der Entwicklung und Expansion des Metaverse und investieren Milliarden, betreiben Grundlagenforschung, entwickeln neue Technologien und Anwendungen und stellen ihr Know-how, ihre Ressourcen sowie die notwendige Hard- und Software bereit, um die nächste Version des Internets Realität werden zu lassen. Dabei haben sie natürlich auch eigene monetäre Interessen und wollen ihre derzeitige Macht und ihren Einfluss behalten, indem sie Nutzer frühzeitig an ihre Systeme und Plattformen binden.

Zu den aktuell wichtigsten Treibern des Metaverse gehören:

- Meta
- Microsoft
- Apple
- Google
- Amazon AWS
- Open AI
- Open XR
- Binance
- MetaMask
- Bytedance
- Tencent
- Sony
- HTC
- Samsung
- Epic Games
- AutoDesk
- Unity
- Decentraland
- The Sandbox
- Roblox
- Upland
- Snapchat
- Disney
- Intel
- NVIDIA
- AMD
- Qualcomm
- Discord

Auf einige der größten Konzerne gehen wir im Folgenden näher ein:

Meta

Der 28. Oktober 2021 war nicht nur für Mark Zuckerberg und sein Unternehmen Facebook ein wichtiger Tag. Es war der Beginn eines der bedeutendsten Internet-Trends seit der Erfindung des Smartphones und der sozialen Medien. An diesem Tag hörten die meisten Menschen das Wort »Metaverse« vermutlich zum ersten Mal. Der Facebook-Gründer und CEO stellte an diesem Tag nicht nur seine Vision des Internets der Zukunft vor, sondern benannte sein Unternehmen auch gleich in »Meta« um, um seiner Metaverse-Strategie und Vision Nachdruck zu verleihen.

Anfang 2023 nutzten weltweit mehr als 3,5 Milliarden Menschen Metas Social-Media-Plattformen Facebook und Instagram sowie die Messaging-Dienste Messenger und WhatsApp. Eine gute Grundlage für die Führungsrolle und gleichzeitig eine unglaubliche Verantwortung, die der Konzern in den letzten 18 Jahren oftmals aus Streben nach Profit und maximaler Skalierung vernachlässigt hat. Daher wurde die Umbenennung des Konzerns von vielen Beobachtern zunächst als Ablenkungsmanöver von den vielfältigen Problemen und Herausforderungen gesehen, mit denen der Konzern seit Jahren zu tun hat. Doch es steckt weit mehr dahinter. Meta hat äußerst gute Chancen, in Zukunft eine bedeutende und einflussreiche Rolle im Metaverse zu spielen, indem es eine völlig neue Plattform, neue Endgeräte in Form von VR- und AR-Headsets sowie ein eigenes Betriebssystem und Ökosystem für das Metaverse entwickelt.

Oculus VR und Reality Labs

Im März 2014 kaufte Facebook das zwei Jahre zuvor gegründete Start-up Oculus VR für zwei Milliarden US-Dollar. Das kalifornische Unternehmen hatte zuvor eine eigene Virtual-Reality-Plattform und das Virtual-Reality-Headset »Oculus Rift« entwickelt, das 2012 über eine Crowdfunding-Kampagne auf Kickstarter finanziert wurde. Das ursprüngliche Ziel war es, 250.000 US-Dollar zu sammeln, aber innerhalb von nur vier Stunden wurde das angestrebte Ziel erreicht, und am Ende waren 2,4 Millionen US-Dollar zusammengekommen. Mit einer Gesamtfinanzierung von 974 Prozent des ursprünglich geplanten Volumens gehört das Oculus-Projekt zu den Top 50 der meistfinanzierten Projekte auf Kickstarter.

Nach der Übernahme durch Facebook wurde Oculus VR 2018 in »Reality Labs« umbenannt und gilt heute als Marktführer im Bereich der Virtual-Reality-Soft- und Hardware. Wie Apple entwickelt auch Meta die Hardware sowie das Betriebssystem für seine Systeme selbst. Der große Vorteil besteht darin, dass im Vergleich zu Windows oder Android die Hard- und Software optimal aufeinander abgestimmt werden kann.

Die für unter 450 Euro erhältliche VR-Brille »Meta Quest 2« war Anfang 2023 quasi der VR-Standard im Consumer-Bereich und wurde weltweit bereits mehr als 15 Millionen Mal verkauft. Das im Oktober 2022 vorgestellte Mixed-Reality-Headset »Meta Quest Pro« kostet knapp 1800 Euro und richtet sich an professionelle Anwender und Entwickler. Es verfügt über hochauflösende nach außen gerichtete Kameras, die viermal so viele Pixel erfassen können wie die der Meta Quest 2. Die Quest Pro ermöglicht somit ein Mixed-Reality-Erlebnis in Farbe. Mit den insgesamt zehn eingebauten Kameras (fünf nach innen und fünf nach außen) kann das Headset nicht nur die Mimik und Blickrichtung des Nutzers erfassen, sondern sie auch direkt auf seinen Avatar übertragen. Selbst die Quest-Pro-Controller haben jeweils drei Kameras, mit denen der Controller sein eigenes Inside-out-Tracking durchführen kann. Mithilfe der Kameras sowie künstlicher Intelligenz erlaubt es endlich auch die realistische Darstellung von Beinen.

Im hauseigenen Quest Store stehen Hunderte von VR-Apps und Spiele zum Herunterladen zu Verfügung. Meta verdient bei jedem bezahlten Download mit – das gleiche Geschäftsmodell, mit dem Apple und Google jeden Monat Millionen verdienen.

Die Reality Labs von Meta gelten heute als führendes Unternehmen der Branche. Neben der Erforschung und Entwicklung neuer VR- und AR-Headsets arbeiten sie an vielen Grundsatz-Technologien, die für den Aufbau und die Nutzung des Metaverse von Bedeutung sind. Hierzu zählen neben der Infrastruktur auch Gesten- und Sprachsteuerung, Gesichts- und Mimik-Erkennung, fotorealistische Avatare sowie künstliche Intelligenz.

Meta Horizon

Meta entwickelt derzeit ein ganzheitliches Metaverse-Konzept namens »Horizon«, das viele Bereiche unserer Lebenswelt abbilden soll. Horizon Worlds und Horizon Workrooms haben wir bereits in Kapitel 4 unter »Metaverse-Plattformen« vorgestellt.

Meta nimmt das Thema also sehr ernst und investiert jährlich über 10 Milliarden US-Dollar in seine Entwicklungsabteilung »Reality Labs«. Gleichzeitig sollen in den kommenden fünf Jahren allein in der Europäischen Union 10.000 neue, hochqualifizierte Arbeitsplätze geschaffen werden, um das Metaverse von Meta aufzubauen (Stand März 2023).

Gefahr der Monopolisierung?

Facebook bzw. der Meta-Konzern ist nicht und wird nicht DAS Metaverse sein. Allerdings ist es – neben anderen Tech-Giganten wie Microsoft, Apple und Epic Games – ein maßgeblicher und wichtiger Treiber in dessen Entwicklung. In der Vergangenheit hat Meta mit seinen Plattformen Facebook, Instagram, Messenger und WhatsApp bereits mehrfach erfolgreich bewiesen, dass es Online-Plattformen enorm skalieren und monetarisieren kann. Der Kauf von Oculus VR im Jahr 2014 war vermutlich die beste unternehmerische Entscheidung, die Mark Zuckerberg je getroffen hat.

Die Befürchtung, dass durch die Aktivitäten der großen Tech-Konzerne noch größere Monopole entstehen, sind durchaus berechtigt. Aber so, wie kein einzelnes Unternehmen das Internet geschaffen hat, so kann auch das Metaverse nicht von einer einzelnen Organisation entwickelt und betrieben werden.

Microsoft

Der Microsoft CEO Satya Nadella verkündete im Januar 2022 die größte Übernahme der Firmengeschichte. Für 69 Milliarden US-Dollar plant der Windows-Konzern, den Spielehersteller Activision Blizzard zu kaufen, bekannt für Games wie das Online-Rollenspiel »World of Warcraft«, die »Call of Duty«-Shooter oder den Smartphone-Klassiker »Candy Crush«. Mit dem Rekorddeal würde der Software-Riese Microsoft zum drittgrößten Spieleanbieter der Welt aufrücken. Hinzu kämen über 9.000 hochtalentierte Spiele-Entwickler, -Autoren und -Designer, 3D-Künstler, Level-Designer und weitere Gaming-Experten, die Microsofts dabei unterstützen würden, seine Vision eines Metaverse mit Leben zu füllen. Die endgültige Entscheidung mehrerer US-amerikanischer, britischer und europäischer Aufsichtsbehörden zur Genehmigung der Übernahme steht noch aus (Stand März 2023).

Eine weitere große Ankündigung gab der Microsoft-CEO im Oktober 2022 auf der Meta Connect Konferenz bekannt. So arbeiten Entwickler beider Tech-Unternehmen – Microsoft und Meta – daran, Microsoft Teams, Office 365, Windows und sogar Xbox Cloud Gaming auf die Quest-VR-Headsets von Meta zu bringen. So sollen Microsoft-Produkte zukünftig nahtlos in VR-Umgebungen wie Metas Horizon Workrooms genutzt werden können. Inhalte aus Word, Excel, PowerPoint und Outlook können dann direkt über die Headsets abgerufen und bearbeitet werden. Auch soll es möglich sein, direkt aus Horizon Workrooms heraus eine Team-Besprechung zu starten oder ihr beizutreten. Das wird Office-Nutzern eine völlig neue Art der Zusammenarbeit ermöglichen. Microsoft meint es also ernst und arbeitet bereits konkret an einem Metaverse für die Arbeitswelt.

HoloLens

Die erste Microsoft »HoloLens« wurde 2015 vorgestellt und ist ein autarkes Mixed-Reality-Headset. Es ermöglicht Nutzern, dreidimensionale Bilder und Grafiken in die reale Welt einzublenden. Die HoloLens kann in unterschiedlichen Bereichen eingesetzt werden, z. B. in der Industrie, im Bildungswesen, im Gesundheitswesen oder der Unterhaltungsbranche. Sie kann für die Wartung von Maschinen verwendet werden, indem virtuelle Anleitungen oder Ersatzteile in das Sichtfeld eingeblendet werden. Im Bildungswesen ermöglicht es interaktive Lernerfahrungen und im Gesundheitswesen unterstützt es Ärzte bei der Diagnose und Behandlung von Patienten. Die HoloLens eröffnet viele neue Möglichkeiten, ist aber mit über 3.500 Euro sehr teuer und daher nicht für den Massenmarkt bestimmt.

Mesh Technologie

Microsofts »Mesh Technologie« kombiniert VR- und AR-Technologien, um eine digitale Arbeitsumgebung zu schaffen, in der Nutzer gemeinsam an Projekten arbeiten oder sich treffen können, als wären sie physisch an einem Ort. Mit »Mesh for Teams« wird das bekannte Videokonferenz- und Kollaborationstool um Mixed-Reality-Funktionen erweitert. Nutzer können ihren eigenen Avatar erstellen und gemeinsam an einem Whiteboard zeichnen oder an einem 3D-Modell arbeiten, während sie sich in verschiedenen Teilen der Welt befinden. Sie können in Echtzeit an Meetings teilnehmen, sich gegenseitig sehen und hören, als wären sie in derselben physischen Umgebung.

Apple

Das aktuell wertvollste Unternehmen der Welt konzentriert seine Metaverse-Aktivitäten gezielt auf den Augmented-Reality-Bereich. CEO Tim Cook spricht seit Jahren öffentlich von AR und sieht darin nicht nur eine bedeutende Zukunftstechnologie, sondern das nächste wichtige Standbein für den Tech-Konzern.

Apple repräsentiert mit Hunderten Millionen von AR-fähigen iPhones und iPads sowie über 14.000 AR-bezogenen Anwendungen in seinem App Store die derzeit größte AR-Plattform der Welt. Die Premium-Varianten des iPhones und iPads sind bereits heute mit einem LiDAR-Scanner ausgestattet. Dieser kann die Umgebung mithilfe von Lichtimpulsen scannen und dreidimensional vermessen, um virtuelle Objekte darin zu positionieren oder eigene Objekte in 3D zu scannen.

Apple Glass

Die seit 2018 immer konkreter werdenden Gerüchte und eine Vielzahl von Patentanmeldungen weisen darauf hin, dass Apple an eigenen Mixed-Reality-Headsets arbeitet. Auch hat das Unternehmen bereits diverse Marken registrieren und schützen lassen, darunter »Reality One«, »Reality Pro« sowie »RealityOS« und »xrOS«. Die Apple-Brille könnte im Vergleich zu den Modellen der Mitbewerber relativ klein und leicht werden, da sie komplexe Berechnungen und die schnelle Internetverbindung auf das verbundene iPhone auslagert und das Ergebnis dann nur noch über Bluetooth auf das Display der Brille überträgt.

Für Apple könnte diese neue Produktsparte, die vermutlich »Apple Glass« oder »Apple Reality« heißen wird, so wichtig werden wie die Erfindung des iPhones im Jahr 2007. Experten rechnen mit einer Vorstellung des Mixed-Reality-Headsets noch im Jahr 2023.

Der Markteintritt von Apple in das Metaverse könnte der gesamten Industrie noch schneller zum Durchbruch verhelfen. Apple ist nicht nur für seinen hohen Anspruch an hochwertiges und minimalistisches Design bekannt, sondern versteht es, komplexe Technologie einfach und nutzerfreundlich zu gestalten und damit einen Massenmarkt zu erreichen.

Google

Google war eines der ersten Unternehmen, das die Öffentlichkeit auf Augmented Reality aufmerksam gemacht hat. Das tragbare AR-Headset »Google Glass« wurde 2012 vorgestellt und kam zu einem Preis von 1.500 US-Dollar auf den Markt. Es ermöglichte den Nutzern, Informationen über ein kleines integriertes Head-up-Display anzuzeigen. Auch konnte es zur Aufnahme von Fotos und Videos sowie zur Interaktion mit dem Internet verwendet werden. Obwohl Google Glass damals von einigen als revolutionär betrachtet wurde, kam es aufgrund von Sicherheitsbedenken und Datenschutzproblemen nicht bei der breiten Masse an. Google stellte den Verkauf von »Glass« im Jahr 2015 ein, hat aber weiterhin an der Technologie gearbeitet und bietet es noch heute für den professionellen Einsatz als »Glass Enterprise Edition« an.

Android ist mit über 2,5 Milliarden aktiven Nutzern das meistgenutzte mobile Betriebssystem der Welt. Google hat bereits 2017 AR-bezogene API-Schnittstellen in Android integriert, damit Entwickler Augmented-Reality-Anwendungen in ihre Smartphone- und Tablet-Apps integrieren können. So nutzt ARCore verschiedene Technologien, um die 3D-Umgebung eines Nutzers zu verstehen und es Anwendungen zu ermöglichen, sich in diese zu integrieren. Allein auf der Android-Plattform haben (mit der entsprechenden App) bereits heute über zwei Milliarden Menschen die Möglichkeit, Augmented Reality aktiv zu nutzen.

Google Cardboard

»Google Cardboard« ist ein einfaches und preisgünstiges VR-Headset aus Pappe, in das ein Smartphone eingesetzt wird. Das Headset ist kompatibel mit Android- und iOS-Geräten und bietet eine unkomplizierte, wenn auch nicht sehr hochwertige Möglichkeit, VR-Inhalte anzuzeigen. In den letzten Jahren hatte Google bereits mehrere VR-Produkte wie »Daydream« und »Stadia« veröffentlicht, die auf Googles Cardboard aufbauten, diese aber mittlerweile wieder eingestellt.

Project Starline

»Project Starline« ist ein von Google entwickeltes System, das eine immersive und realistische 3D-Kommunikation in Echtzeit ermöglicht.

Es ist eine Art virtueller Meeting-Raum, in dem sich Menschen treffen und miteinander kommunizieren können, als wären sie im selben Raum. Durch die Verwendung von AR und Holografie wird das Gefühl vermittelt, dass die andere Person tatsächlich anwesend ist, was das Kommunikationserlebnis realistischer und intensiver macht. Das System könnte zukünftig für viele verschiedene Anwendungen genutzt werden, wie in der Unternehmenskommunikation, in der Bildung oder im Gesundheitswesen.

Google arbeitet derzeit an einer Reihe von zum Teil geheimen Metaverse-Projekten, wie etwa »Project Iris«, das darauf abzielt, AR für die breite Masse zugänglich zu machen.

Es bleibt spannend zu verfolgen, welche innovativen Software- und Hardwarelösungen Google in naher Zukunft im Umfeld des Metaverse präsentieren wird. Es scheint sicher, dass Google sich dem Trend nicht verschließen wird, sondern aktiv daran arbeitet.

Gerade im Bereich der Suche und Werbung innerhalb des Metaverse gibt es noch sehr großes Potenzial – vor allem für Google. Das Unternehmen ist nicht nur Marktführer im Bereich der Suchmaschinen, sondern hat mit Google Ads die größte Werbeplattform im Internet.

Mit seinen umfangreichen Erfahrungen und Ressourcen sollte Google in der Lage sein, sich als eines der führenden Unternehmen in der Metaverse-Branche zu etablieren und von dem wachsenden Markt zu profitieren.

Amazon

Über die konkreten Metaverse-Pläne von Amazon ist derzeit noch nichts öffentlich bekannt. Dabei hätte gerade Amazon die allerbesten Voraussetzungen für ein eigenes, auf E-Commerce ausgerichtetes Metaverse.

Obwohl Amazon der weltweit größte Anbieter von Cloud-Diensten und mit Alexa faktisch der Marktführer im Bereich der KI-gesteuerten digitalen Assistenten ist, beschränken sich die meisten Metaverse-Aktivitäten aktuell noch auf den AR-Bereich.

Amazon AR View

Augmented Reality ist für Amazon kein Neuland: iOS-Nutzer können bereits seit 2017 mit der Amazon App Produkte in die physische Umgebung projizieren, um sich ein Bild von deren Proportionen und Aussehen zu machen. 2020 hat Amazon das Augmented-Reality-Tool »AR Room Decorator« veröffentlicht. Laut eigenen Angaben kann der Room Decorator mit Zehntausenden von Artikeln verwendet werden, die sowohl von Amazon selbst als auch von unabhängigen Händlern auf der Website verkauft werden. Nutzer können die Funktion ganz einfach innerhalb der Amazon-App nutzen. Mehr unter: *www.amazon.de/arview*

Amazon Showroom

»Amazon Showroom« ist ein virtuelles Wohnzimmer, das Kunden nach Belieben anpassen, mit ihren Wunsch-Möbeln und Deko-Elementen ausstatten und gestalten können – darunter Stehlampen, Sessel und Sofas, Bilder, Teppiche sowie Beistell- und Couchtische in verschiedenen Stilen. Der interaktive Showroom ermöglicht es, Wand- und Bodenfarben zu ändern, nach Wunschprodukten zu filtern, die Produktmaße darzustellen sowie das räumliche Zusammenspiel der Möbel vor dem Kauf auszutesten. Mehr unter: *www.amazon.com/showroom*

Cloud Quest

»AWS Cloud Quest« ist technisch gesehen ein eigenes kleines Amazon-Metaverse. Das Spiel verwendet mehrere fortschrittliche Technologien und nutzt Amazons eigene AWS-Cloud-Computing-Infrastruktur. Der Umfang von Cloud Quest ist noch relativ klein. Es handelt sich um eine kleine Stadt, in der Menschen gegeneinander antreten, indem sie technologiebezogene Rätsel lösen und das Cloud-Computing-System von Amazon nutzen. Cloud Quest ist ein ebenso einfaches wie auch spannendes Experiment für aktives Lernen.

Das Metaverse ist auf dem Weg, die E-Commerce-Landschaft mit der Verlagerung von »in den Warenkorb« zu »in den Raum« zu revolutionieren. Dabei bietet der E-Commerce im Metaverse die ultimative Verbindung zwischen dem traditionellen stationären Handel und dem Online-Shopping. Wenngleich es bis Anfang 2023 keine konkreten Ankündigungen gab, so wird Amazon auch im Metaverse eine bedeutende und führende Rolle spielen.

China und das Metaverse

Natürlich arbeitet auch China bereits an einem eigenen Metaverse. Die chinesische Regierung hat große Pläne für das Web3 und will hier eigene Standards setzen. So verpflichtet China seine großen Technologieunternehmen dazu, aktiv in das Metaverse zu investieren, und hat dafür eigens einen Fünfjahresplan aufgestellt.

Big-Tech in China und ihre Metaverse-Projekte

Chinesische Konzerne wie Bytedance, Alibaba, Baidu und Tencent sehen das große Potenzial des Metaverse und arbeiten an einer Reihe von Projekten. So hat Bytedance beispielsweise den VR-Brillen-Hersteller Pico übernommen. Alibaba experimentiert bereits seit 2020 mit ersten Metaverse-Angeboten und bietet Nutzern auf der Plattform »Taobao« die Möglichkeit, ihre Avatare virtuell mit Designerkleidung auszustatten. Baidu hat die erste Metaverse-App »Xirang« gestartet, auf der Nutzer alle möglichen Bereiche aus der realen Welt spiegeln können, von Unterhaltung über Bildung bis hin zu Sport und Werbung. Tencent will seine Marktführerschaft im Bereich Onlinespiele und Musik-Streaming auch im Metaverse behalten und hat in Wave, einen US-Anbieter von virtuellen Konzerten, investiert. Das Tochterunternehmen QQMusic plant, die erste Musikplattform in China zu werden, die digitale Sammlerstücke als Non-Fungible Tokens (NFTs) herausgibt.

Krypto in China

Im September 2021 erklärte die chinesische Zentralbank das Mining, also die Erschaffung neuer Crypto Coins sowie den Handel mit Kryptowährungen wie Bitcoin oder Ethereum, im eigenen Land für illegal. Gleichzeitig arbeitet die Staatsführung an einer eigenen elektronischen Währung namens E-Yuan. Abgesehen davon, dass sie digital ist, hat sie jedoch wenig mit den uns bekannten Kryptowährungen zu tun. So ist der E-Yuan weder dezentralisiert noch können Zahlungen anonym getätigt werden.

Demokratie gibt es nicht überall

Das Metaverse könnte auch zu einem neuen Schlachtfeld im Wettbewerb der politischen Systeme werden. Die rivalisierenden Weltmächte USA und China haben ein elementares Interesse daran, die Regeln für die »schöne neue Welt« zu bestimmen, ganz gleich, ob es sich um das Metaverse, die virtuelle Realität oder das Internet der Dinge handelt.

Das Metaverse werde »zu einem integralen Bestandteil des politischen Denkens eines Landes […] und der politischen Sicherheit«, so der staatliche Thinktank CICIR (China Institutes of Contemporary International Relations) in einem Strategiepapier, das nur wenige Stunden nach der Ankündigung von Facebooks Meta-Morphose Ende 2021 veröffentlicht wurde.[14]

In China werden alle Bereiche des Internets scharf kontrolliert und reguliert. Viele ausländische Netzwerke und Webseiten sowie Messenger-Dienste werden blockiert. Google, YouTube und Social-Media-Plattformen wie Facebook, Instagram oder Twitter sind dort offiziell nicht erreichbar, da die Inhalte erfahrungsgemäß schwer zu kontrollieren sind. Metas VR-Brillen werden zwar in China produziert, sind dort jedoch verboten.

Chinas Internetnutzer bewegen sich damit in einem Parallel-Universum zum Rest der Welt. Chinesische Konzerne wie Alibaba, Baidu und Tencent dominieren die verfügbaren Inhalte und agieren dabei streng innerhalb der Vorgaben der Regierung, die keine freie Meinungsäußerungen zulässt.

In Anbetracht der aktuellen geopolitischen Lage ist es sehr wahrscheinlich, dass es zwei Versionen des Metaverse geben wird: eine chinesische Variante innerhalb der »Großen Firewall« sowie ein weitestgehend demokratisches Metaverse außerhalb des Reichs der Mitte.

Content-Anbieter

Nicht nur die großen Silicon-Valley-Konzerne arbeiten an eigenen Metaverse-Ideen und -Konzepten, erweitern ihre Kapazitäten durch den Zukauf innovativer Start-ups oder den Aufbau neuer Abteilungen und Kooperationen. Auch viele Content-Anbieter und Publisher sehen viele Chancen und Möglichkeiten, das Metaverse für sich und ihre Inhalte zu nutzen und diese zu monetarisieren.

Disney und LEGO

Der Medienkonzern Disney hat als Content-Lieferant mit seinen weltbekannten Lizenzen wie Star Wars, Marvel oder Mickey Mouse die allerbesten Voraussetzungen für gleich mehrere immersive und magische Welten voller fantastischer Geschichten, Helden und Abenteuer. Denkbar wäre auch ein komplett virtuelles Disneyland im Metaverse. Disney war schon immer sehr fortschrittlich und hat frühzeitig auf bahnbrechende Neuerungen wie das Fernsehen, computergenerierte Animationen, Videospiele und das Internet reagiert. Laut Disneys CEO Bob Chapek arbeitet das Unternehmen bereits an einem eigenen Metaverse[15] und hat im Februar 2022 den erfahrenen Medien- und Tech-Veteranen Mike White als CMO (Chief Metaverse Officer) und »Senior Vice President of Next Generation Storytelling« mit der Leitung seiner Metaverse-Strategie beauftragt.

Der dänische Spielwarenkonzern LEGO und das amerikanische Videospielunternehmen Epic Games gaben im April 2022 bekannt, eine langfristige Partnerschaft einzugehen, um ein inspirierendes, kreatives und sicheres Metaverse für Kinder und Familien zu schaffen. Ziel ist es, neben dem Gaming auch andere Unterhaltungsfaktoren wie Events, Konzerte, Festivals und vieles mehr zu integrieren.

Weitere Anbieter

Es ist sehr wahrscheinlich, dass noch viele weitere Anbieter von Inhalten das Metaverse als Plattform nutzen, eigene virtuelle Räume und Plattformen bereitstellen oder Kooperationen eingehen, um den Nutzern ihre Inhalte und Angebote bereitzustellen, und diese auch monetarisieren. Hierzu gehören:

- Nachrichtenagenturen
- Fernsehsender und Radiostationen
- Musiklabels
- Streaming-Anbieter
- Künstler
- Buch- und Zeitschriftenverlage
- Onlineportale
- Jobbörsen
- Filmverleiher und Studios
- Social-Media-Plattformen
- Onlineshops
- Museen und Kunstgalerien
- Bildungseinrichtungen
- Behörden
- u.v.m.

Das Metaverse ist ein sehr dynamisches und sich ständig veränderndes Umfeld. Daher müssen Anbieter darauf vorbereitet sein, die Entwicklung aktiv zu verfolgen, ihre Strategien und Angebote fortlaufend anzupassen und so zu optimieren, das sie für Nutzer weiterhin relevant und attraktiv bleiben.

Kreativ-Wirtschaft

Die Kreativ-Wirtschaft (englisch: Creative Economy) umfasst alle Branchen, die sich mit kreativen und kulturellen Dienstleistungen und Produkten beschäftigen. Neben den »klassischen« Berufsgruppen wie Designer, Künstler, Fotografen, Musiker, Komponisten, Architekten, Filmemacher und Texter gibt es immer mehr »neue« Berufe im digitalen Bereich, wie Webdesigner, Social-Media-Manager, App-Entwickler, UI/UX-Designer, Video-Editor, Spiele-Entwickler, 3D-Animator, Content Creator, Influencer, VR/AR-Entwickler, Virtual Event Producer und viele mehr.

Gerade die neueren Berufe sind für den Auf- und Ausbau des Metaverse unerlässlich. Sie sind es, die virtuelle Welten und Umgebungen planen, gestalten und umsetzen.

Die Creator Economy

Was wären soziale Netzwerke ohne den kreativen Input ihrer Nutzer? In der Creator Economy geht es darum, die persönliche Kreativität freizusetzen, zu fördern und es jedem zu ermöglichen, damit seinen Lebensunterhalt zu verdienen. Das Marktvolumen der Kreativ-Wirtschaft in 2021 belief sich auf über 100 Milliarden US-Dollar. Risikokapitalgeber konzentrieren sich zunehmend auf die Finanzierung von Kreativplattformen, während Software-Unternehmen, wie Adobe oder Autodesk, die sich auf Kreativwerkzeuge spezialisiert haben, im Jahr 2021 über 1,3 Milliarden US-Dollar einnehmen konnten.[16]

In den letzten Jahren hat sich dank der immer leistungsfähigeren Hardware und Software, wie Smartphones, Apps oder onlinebasierte Kreativ-Werkzeuge, eine große globale Creator Economy entwickelt. Durch die Verfügbarkeit von freien oder kostengünstigen, leicht zu bedienenden Tools können immer mehr Menschen hochwertigen Content wie Fotos, Grafiken, Videos, Musik, Websites, Blogs, 3D-Objekte oder ganze Welten erstellen. Dieser Content kann über Online-Plattformen einer breiten Öffentlichkeit präsentiert und sogar monetarisiert werden. Die modernen Kreativ-Tools werden immer leistungsfähiger und bieten insbesondere durch KI leistungsstarke Funktionen und Möglichkeiten, die früher entweder undenkbar oder nur einer kleinen Elite mit teurer Ausrüstung vorbehalten war.

Die Rolle von Agenturen

Auch Werbe-, Digital- und Marketing-Agenturen werden sehr viele neue Aufgaben und Möglichkeiten haben. Dazu gehören unter anderem die Beratung und Entwicklung von Marketingstrategien für den Eintritt in das Metaverse, die Konzeption, das Design sowie die Umsetzung von Augmented- und Virtual-Reality-Anwendungen und -Erlebnissen sowie die Erstellung und das Schalten von Anzeigen.

Es ist wichtig, sich als Agentur frühzeitig und umfassend mit den vielfältigen Themen und Einsatz- und Vermarktungsmöglichkeiten des Metaverse auseinanderzusetzen sowie eigene Erfahrungen zu sammeln. Dazu gehört selbstverständlich auch die Aus- und Weiterbildung der eigenen Mitarbeiter.

Das Metaverse im privaten Umfeld

Im privaten Bereich gibt es bereits eine Vielzahl von spannenden Angeboten, Apps und Spielen, ob Nutzer neue Orte und Welten entdecken, allein oder im Team spielen, Freunde treffen, ein Konzert besuchen, einen Film ansehen, ein virtuelles (oder reales) Date suchen oder einfach nur Sport treiben wollen.

■ **Entertainment, Kino**
Mit einer VR-Brille können Nutzer von überall aus Filme von Netflix oder Amazon Prime wie im Kino auf einer riesigen Leinwand erleben – in 3D, mit Surround-Sound, zusammen mit echten Freunden und virtuellem Popcorn.

■ **Sport, Fitness und Spiele**
»Fit werden mit VR« ist ein weiterer großer Trend: Eine Vielzahl der Bestseller-Apps im Meta Quest Store sind Fitness- und Workout-Apps wie Beat Saber, Dance Central, VZfit oder FitXR. Sie bieten abwechslungsreiche sportliche Angebote wie Workouts, Tennis, Boxen oder Rhythmik- und Koordinations-Trainings. Wer zum Beispiel immer schon mal mit Rocky Balboa trainieren wollte, kann dies in »Creed – Rise to Glory« tun.
Eine halbstündige VR-Session soll für das Herz-Kreislauf-System genauso anstrengend sein wie ein einstündiges Krafttraining im Fitnessstudio. Zum Entspannen oder für Yoga können Nutzer an den Strand von Hawaii, in den Amazonas-Regenwald oder zum Himalaya reisen. Traumhafte Orte sind nur einen Klick entfernt.

■ **Konzerte**
Virtuelle Konzerte im Metaverse könnten die nächste große Revolution in der Musikindustrie sein. Als der Künstler und DJ Marshmello Anfang 2019 als Avatar die virtuelle Bühne im Spiel Fortnite betrat, war es das bis dato größte Live-Event in der Geschichte des Spiels. Laut Entwickler Epic Games verfolgten elf Millionen Menschen das Konzert live. Bis heute hat das Video dazu über 60 Millionen Aufrufe auf YouTube. Im April 2020 rockte der US-Rapper Travis Scott die virtuelle Bühne. Das Konzert verbuchte allein auf YouTube über 200 Millionen Aufrufe und der Musiker nahm mit einem einzigen Fortnite-Konzert

rund 20 Millionen Dollar ein – einen Großteil davon mit virtuellen Merchandise-Artikeln.

Diese Liste ließe sich endlos fortsetzen, zumal der Unterhaltungs-, Spiel- und Sportbereich ein ganzes Buch füllen könnte. An dieser Stelle wollten wir Ihnen einen kurzen Überblick über das geben, was möglich ist.

Das Metaverse im beruflichen Umfeld

Das Metaverse wird sich in Zukunft auf praktisch alle Wirtschaftszweige auswirken, so wie es das Internet in den letzten 30 Jahren auch getan hat. Wir werden zukünftig immer mehr Zeit im Metaverse verbringen und uns einen Raum schaffen, in dem wir uns wohlfühlen.

Wir werden produktiv arbeiten können und so schneller und effektiver zu neuen Lösungen kommen. Wir werden mit Kollegen über alle Grenzen hinweg so zusammenarbeiten, als würden sie direkt vor uns stehen. Darüber hinaus wird uns das Metaverse völlig neue Möglichkeiten eröffnen, die wir uns heute noch gar nicht vorstellen können.

Jon Radoff gibt in seinem Artikel *Building the Metaverse* einen Überblick über die Wirtschaft und Wertschöpfungskette sowie über die Branchen und Märkte, die vom Metaverse profitieren werden:[17]

- Infrastruktur (Internet, Netzwerke, Telco, Cloud)
- Hardware (Server, Chips, Headsets, Sensoren)
- Software (Betriebssysteme, KI, 3D-, XR-Engines)
- Dezentralisierung (Blockchain, NFTs, Transaktionen)
- Content (Apps, Games, Worlds, Experiences)
- Human Interface (User-Interface, Steuerung)
- Creator Economy (Design, Tools, Marktplätze)
- Vermarktung (Werbung, Vertrieb, Commerce)
- Erlebnisse (Apps, Spiele, Social Media, Shopping)

Die Anfangsinvestitionen werden beträchtlich sein, genau wie bei der Einführung der IT, des Internets und der Digitalisierung bestehender

Prozesse. Langfristig wird das Metaverse Unternehmen jedoch viele Vorteile, Möglichkeiten und neue Einnahmequellen bieten. Auch kann es in vielen Bereichen die Effizienz steigern, Zeit und Ressourcen sparen sowie Kosten senken.

Die Hardware wird jedes Jahr kleiner, leichter und leistungsfähiger – so wie wir es von Smartphones kennen. Die Software wird immer fortschrittlicher und einfacher zu bedienen sein. In Zukunft werden wir wesentlich häufiger Sprache und unsere Hände statt Maus und Tastatur benutzen. Künstliche Intelligenz wird uns in immer mehr Situationen aktiv unterstützen, ohne dass wir es überhaupt merken.

Neue Berufe entstehen

Influencer, YouTuber, Blogger und Podcaster sind nur einige der Berufe, die es vor zehn Jahren noch nicht gab und die heute mit der Kreation und Produktion von Inhalten und dem Aufbau von Communities einen soliden Lebensunterhalt sichern. Das Metaverse und Web3 werden darauf aufbauend viele weitere neue Jobs hervorbringen, denn die Creative Economy spielt eine sehr wichtige Rolle im Auf- und Ausbau des Metaverse. Es sind die Kreativen, die unermüdlich originelle Inhalte und neue Erlebnisse erschaffen und die diese digitalen Welten erst wirklich mit Leben füllen. Noch nie gab es dafür eine so große und schier unendliche »Spielwiese« an neuen kreativen Möglichkeiten. NFTs bieten Kreativen völlig neue Möglichkeiten, ihre eigenen Kreationen zu schützen und damit Geld zu verdienen.

■ **Forschung/Entwicklung**
Im Bereich der Forschung und Entwicklung im Metaverse werden sich Virtual-Reality-Developer oder 3D-Modeler mit der Erstellung von Inhalten und Erlebnissen in der virtuellen Welt beschäftigen. Prompt-Engineers oder Prompt-Creators werden sich um die exakt passende Eingabe in den Eingabefeldern der neuen, generativen, künstlichen Intelligenz kümmern. Auch neue Berufe im Bereich der Nutzerforschung, bei denen es darum geht, die Erfahrungen und Bedürfnisse der Nutzer und deren Avatare im Metaverse zu analysieren, zu verstehen und darauf basierend neue Funktionen und Inhalte zu entwickeln, könnten entstehen.

- **Marketing**

  Im Marketing werden sich zum Beispiel Virtual-Event-Planer oder Virtual-Brand-Manager mit der Planung und Durchführung von Marketing-Kampagnen und -Events im Metaverse befassen. Auch die Schaffung von interaktiven Inhalten und immersiven Erlebnissen, die die Marke eines Unternehmens im Metaverse adäquat repräsentieren, könnte zu neuen Jobmöglichkeiten führen.

- **Personalwesen (HR)**

  Im Personalwesen (Human Resources) werden neue Berufe wie Virtual-Team-Coach oder Virtual-Culture-Manager entstehen, die sich mit der Förderung von Teamarbeit und der Schaffung einer positiven Unternehmenskultur im Metaverse beschäftigen. Auch die Gestaltung von Lern- und Entwicklungsmöglichkeiten für Mitarbeiter im Metaverse wird zu neuen Jobmöglichkeiten führen. Des Weiteren werden Virtual-Purpose-Manager den Transport der Unternehmenswerte überwachen und Virtual-Confidants werden kleinere Ungereimtheiten oder sogar Streitigkeiten als eine Art Schiedsrichter auflösen.

- **Sales/Vertrieb**

  Im Vertrieb werden Virtual-Sales-Representatives oder Virtual-Account-Manager arbeiten, die sich mit dem strategischen Verkauf von Produkten und Dienstleistungen im Metaverse beschäftigen bzw. mit der Betreuung von Partnerunternehmen innerhalb von Organisationen. Auch die Gestaltung von operativen Verkaufsstrategien und -kampagnen im Metaverse könnte zu neuen Jobmöglichkeiten führen. Avatare könnten diese typischen Verkäuferpositionen digital bekleiden und als informative Anlaufstelle für Käufer-Avatare zur Verfügung stehen.

- **Administration**

  Im Bereich Administration könnten neue Berufe wie Virtual-Office-Manager oder Virtual-Assistant entstehen, die sich mit der Organisation und Verwaltung von Aufgaben und Prozessen im Metaverse beschäftigen. Auch die Gestaltung von Support- und Serviceangeboten im Metaverse wird neue Berufe hervorbringen. So könnten auch hier informative, mobile Assistenten grafisch als Roboter dargestellt werden, die automatisiert durch generative künstliche Intelligenzen Antworten geben. Manuell, statt automatisch, ist dies auch durch Informations-Avatare denkbar, die als persönliche Anlaufstelle zur Verfügung stehen.

■ Recht

Im Bereich der Anwaltskanzleien werden sich Metaverse-Anwälte zukünftig auf die rechtlichen Aspekte in virtuellen Umgebungen spezialisieren – einschließlich der Regulierung von virtuellen Währungen, der Verwaltung von virtuellen Vermögenswerten und der Verhandlung von virtuellen Verträgen.

■ Steuern

Im Bereich der Steuerkanzleien werden sich Metaverse-Steuerberater auf die steuerlichen Auswirkungen von virtuellen Transaktionen spezialisieren – einschließlich der Besteuerung von virtuellen Vermögenswerten und der Einhaltung von Steuervorschriften für digitale Währungen.

Generative KI verändert alles

Mithilfe von generativer KI können verschiedene Arten von Inhalten wie Text, Code, Bilder, Grafiken, Sprache, Musik und sogar Videos erzeugt werden. Sie hat das Potenzial, viele Branchen zu transformieren und ganz neue Berufe hervorzubringen. KI-Tools wie ChatGPT oder DALL-E werden viele kreative Berufe wie Journalismus, Design, Fotografie oder Programmierung nachhaltig beeinflussen und die Arbeit effizienter und produktiver machen.

Ein **Prompt-Engineer** nutzt die Möglichkeiten einer KI, um mit Text-Kommandos einzigartige Ergebnisse wie fotorealistische Bilder, Texte oder Code zu generieren. Ein **Prompt-Experte** maximiert die Leistung der KI-Anwendungen, indem er effektive Befehle für KI-Modelle entwirft und optimiert. Ein **KI-Stratege** beschäftigt sich mit der strategischen Anwendung von Künstlicher Intelligenz in Unternehmen. Er analysiert Geschäftsprobleme, wählt geeignete KI-Methoden und Datenquellen aus und überwacht die Implementierung dieser Lösungen.

6. Metaverse-Anwendungsbeispiele

Im Folgenden finden Sie ausgewählte Beispiele und mögliche Anwendungen im Metaverse, die viele verschiedene Branchen beleuchten. Natürlich kann diese Liste nicht das gesamte Potenzial der Möglichkeiten widerspiegeln, sondern nur einen Vorgeschmack auf das geben, was in Auszügen bereits heute umgesetzt wurde und was in Zukunft möglich sein wird.

Suchen Sie sich die Branchen heraus, die für Sie interessant sind. Wir haben sie dafür alphabetisch geordnet. Da sich einige Branchen überschneiden, gibt es auch einige inhaltliche Dopplungen, die wir der Vollständigkeit halber dennoch so belassen.

Architektur, Design und Bauwesen

Das Metaverse ist eine bemerkenswerte 3D-Evolution des Internets. In dieser digitalen Welt muss noch viel definiert werden, dennoch hat sie bereits jetzt große Auswirkungen auf die Art und Weise, wie in der Architektur-, Ingenieur- und Baubranche (AEC) zukünftig zusammengearbeitet wird. Die AEC-Branche muss mit den sich ändernden Kundenerwartungen, dem harten Wettbewerb und der ständigen Weiterentwicklung von neuen Technologien Schritt halten und gleichzeitig die Aufträge verlässlich abarbeiten. Der Einsatz von VR und AR im Metaverse hat bereits einen großen Einfluss auf die Bauindustrie und wird diesen auch in Zukunft haben.

VR- und AR-Technologien können den Entwicklungsprozess enorm beschleunigen. Die immersive Visualisierung von Konstruktions- oder

Bauprojekten bietet völlig neue Möglichkeiten, weltweit verteilte Teams und Auftraggeber bereits in einem frühen Entwicklungsstadium einzubinden. Auf diese Weise können Risiken frühzeitig erkannt, Fertigungsbedingungen im Vorfeld geprüft und kostspielige Nachbesserungen vermieden werden.

Schon heute werden Baupläne und Grundrisse für Häuser zunächst am Computer erstellt. In nicht allzu ferner Zukunft werden Designer, Bauherren und Projektleiter in der Lage sein, ihr Haus, Büro oder Geschäft lange vor dem Bau virtuell so zu erleben, als ob sie bereits dort wären. Der Einsatz des Metaverse in der Bauindustrie wird Designern und Architekten helfen, den geplanten Raum auf immer effizientere Weise zu gestalten. Bauprojekte können hier während der Bauphase visuell erlebbar gemacht und digital überarbeitet werden.

Traditionell waren Architekten und Designer bei der Gestaltung von Räumen und Gebäuden auf 3D-Modelle und Visualisierungen angewiesen. Die Möglichkeit, sich dreidimensional durch eine nahezu reale Darstellung des Raums zu bewegen, kommt ihnen nun auch für das Verständnis ihres Entwurfs zugute. Architekten und Designer können aus der Ferne kollaborativ an den Designkonzepten mitarbeiten, indem sie am Gebäudeentwurf teilhaben.

Darüber hinaus ist es für Projektleiter äußerst wichtig, sich über die Planung und den Bau des Gebäudes im Klaren zu sein und jederzeit Transparenz zu haben. Auch wenn sie nicht an jeder Stelle des Projekts anwesend sein können, sind sie dank der virtuellen Darstellung der Bauumgebung in der Lage, alles, was während der Bauphase vor sich geht, im Auge zu behalten. Dies führt zu weniger Reisen, schnelleren Genehmigungen und weniger Besprechungen. Darüber hinaus wird der eigentliche Design-Prozess beschleunigt.

Augmented und Virtual Reality können bei der Abkehr von der traditionellen Büroarbeit äußerst wertvoll sein, wie wir in den letzten zwei Jahren der Pandemie erfahren haben. Ingenieure können Virtual Reality und Augmented Reality nutzen, um mit Kunden zu kommunizieren, Modelle aus der Ferne zu präsentieren und zu evaluieren und die Notwendigkeit von Besuchen zu reduzieren. Die Zusammenarbeit in der virtuellen Realität ist weitaus leistungsfähiger und praktischer als ein Zoom-Anruf. Aus diesem Grund ist es von elementarer Bedeutung, die Tiefe des Metaverse in allen drei Phasen des Bauens zu verstehen: Entwurf, Entwicklung und Bau. Diesen Phasen sollte, gerade beim Bauen im Metaverse, die Überlegung des eigentlichen Verwendungszwecks des Gebäudes vorangehen, der sogenannten Purpose Architecture.

Architekten, Designer und Projektmanager werden vom Metaverse nicht nur profitieren, sondern auch an seiner Entstehung mitwirken. Durch die Nutzung neuer virtueller Werkzeuge sind sie für die innovative Gestaltung von Innen- und Außenräumen von entscheidender Bedeutung.

Das Metaverse im Bauwesen erfordert gleichzeitig neue Fähigkeiten und einen Perspektivwechsel. Die junge Architekten- und Designergeneration ist bereits mit den Kenntnissen der Digital- und 3D-Technologie aufgewachsen. Ihnen ist es daher möglich, das Bauen »anders zu denken«. Neben der Herangehensweise für reale Bauwerke denken sie auch gleichzeitig an das Bauen des virtuellen Pendants im Metaverse. Das ist neu. Aus diesem Grund wird erwartet, dass von ihnen zukünftig nicht nur anders designt und geplant wird, sondern sie auch andere Orte bauen werden, als dies in der Vergangenheit der Fall war.

✓ BEISPIEL

Zaha Hadid Architects

Dies ist am Beispiel des Architekturbüros Zaha Hadid Architects (ZHA) zu sehen, das bereits eine virtuelle Stadt für das Metaverse gebaut hat. In einem Interview mit *Architectural Digest* (AD) spricht Patrik Schumacher, der leitende Architekt von ZHA, über die Planung einer futuristischen Cyber-City.[18] Das in London ansässige Unternehmen hat erst kürzlich bekannt gegeben, dass seine Visionäre unter der Leitung von Kenneth Landau und Jaime Lopez von Mytaverse eine virtuelle, selbstverwaltete Stadt im Metaverse entwickeln.[19]

Liberland

Tatsächlich ist die Cyberwelt von ZHA eine nicht ganz so subtile Hommage an ein real existierendes Gebiet namens »Freie Republik Liberland«. Diese international nicht anerkannte Mikro-Nation ist etwas mehr als vier Kilometer lang und liegt im Niemandsland zwischen Serbien und Kroatien. Der Landstreifen wurde im Jahr 2015 vom tschechischen Politiker Vít Jedlička beansprucht und in »Liberland« umbenannt. Wie der Name schon sagt, vertritt und fördert die kleine Regierung von Liberland libertäre Ideale und strebt an, sich zu einer Steueroase zu entwickeln. Momentan lebt dort niemand, nicht einmal Jedlička.

Schumacher ist es gelungen, mit dem von Zaha Hadid Architects entwickelten Metaverse »Liberland« eine Brücke zwischen der physischen und der digitalen Welt zu schlagen. Er ist sich sicher, dass Liberland weder ein Videospiel noch ein Fantasieland darstellt. Es ist gleichzeitig fremdartig sowie realistisch und zeigt architektonische Formen, die das bekannte Büro bereits gebaut hat. Im Gegensatz zu diesen physischen Strukturen sind diese jedoch weitaus fantasievoller. Das macht durchaus Sinn, da man virtuell alle Freiheiten hat. So verfügt das Metaverse von Zaha Hadid Architects über schwebende Dachterrassen, riesige Innenräume, die keine Rücksicht auf die Energieeffizienz nehmen müssen, und Hörsäle, die sich je nach Anzahl der Anwesenden ausdehnen oder zusammenziehen können.

LEO A DALY

The Wild und IrisVR haben eine Cloud-Softwareplattform entwickelt, die das Potenzial des Meta Quest 2 Headsets voll ausschöpft. Das Architekturbüro LEO A DALY nutzt die Kollaborationstools von The Wild und hat viel Positives darüber zu berichten:　▶▶

»Zu Hause zu arbeiten war für uns eine Herausforderung, weil wir die Ärmel hochkrempeln und Zeichnungen erstellen wollten, auf dem Papier herumblättern und mit verschiedenen Stiften in unterschiedlichen Farben experimentieren wollten, um dann den Computer einzuschalten und zu iterieren. Wir hatten also das Problem, dass wir nicht zusammenkommen konnten, um tatsächlich zu interagieren und visuelle Hinweise voneinander zu erhalten. Es war eine große Herausforderung, dass wir die Reaktionen der Kollegen nicht sehen und die Dinge nicht visuell erleben konnten. Mit The Wild konnten wir eine kollaborativ-kreative Umgebung betreten, in der wir eine enorme Menge an Inhalten hatten. Der Entwurf stand uns zur Verfügung, egal ob wir ihn als maßstabsgetreues Modell betrachteten oder in das Modell eindrangen; wir waren nicht durch die Plattform eingeschränkt. Wir konnten mit SketchUp, Revit, AutoCAD-Skizzen oder sogar mit unseren eigenen Werkzeugen arbeiten. Die Möglichkeit, Dinge an die Wand zu werfen, wie wir es in einem Charrette-Szenario tun, um dann grafisch darauf zu reagieren und zu hören, wie die anderen dies bewerten – das sind die Dinge, die wir mit The Wild einfacher erfahren konnten als mit anderen Plattformen wie Zoom, Microsoft Teams oder Webex«, so Ryan Martin, Director of Design.[20]

Der Designprozess

Die Arbeit am Designprozess eines brandneuen Produkts, Gebäudes oder einer Brücke wird um vieles einfacher, wenn man es physisch – z. B. mit VR-Handschuhen mit haptischem Feedback – in den Händen halten bzw. begreifen kann, ohne Zeit, Geld oder Material in die Herstellung eines physischen Modells zu investieren. Volkswagen hat den Nivus, einen kleinen SUV für den lateinamerikanischen Markt, ausschließlich mit virtuellen Prototypen entwickelt. Das Designteam des Unternehmens war in der Lage, während der Pandemie sicher und aus der Ferne miteinander zu arbeiten, Prototypen schneller zu erstellen, das Design in weniger als einem Jahr fertigzustellen und die Kosten erheblich zu senken, ohne die Qualität zu beeinträchtigen.

Innovative Tools wie DALL-E und Midjourney sind weitere, sehr bahnbrechende Beispiele für eine völlig neue Visualisierung von Bau- oder Designprojekten.

DALL-E und Midjourney

DALL-E und Midjourney sind innovative Kreativ-Tools, die künstliche Intelligenz nutzen, um einfache Wörter in beeindruckende und realistische Bilder umzuwandeln. Sie ermöglichen es, gänzlich neue Konzepte und Bilder in verschiedenen künstlerischen Stilen zu erschaffen. Durch das Training mit Millionen von im Internet verfügbaren Bildern ist das Programm in der Lage, fotorealistisch, kreative und innovative Bilder zu erstellen.

Die Ergebnisse dieser Programme können als »atemberaubend« bis »unheimlich« beschrieben werden. Diese neuartigen KI-Tools werden von einigen als mögliche Vorläufer der Allgemeinen Künstlichen Intelligenz (englisch: Artificial General Intelligence, AGI) angesehen und gelten als Zeichen des enormen Fortschritts auf dem Gebiet des maschinellen Lernens. Sie ermöglichen die Erstellung beeindruckender Bilder in viel kürzerer Zeit im Vergleich zu traditionellen Methoden wie Adobe Photoshop oder Illustrator.

Mit DALL-E und Midjourney kann man eine Vielzahl von Szenarien erstellen, wie zum Beispiel ein Gebäude im Baustil eines berühmten Architekten und mit einer speziellen Funktion im Stadtbild.

Diese Technologie eröffnet völlig neue Möglichkeiten in der visuellen Gestaltung, insbesondere in Bereichen wie der Werbung, der Filmindustrie und der Architektur. Sie wird es ermöglichen, komplexe Szenarien schneller und einfacher zu erstellen, und wird auch die Möglichkeiten der virtuellen Realität und des Metaverse erweitern. Es handelt sich hierbei um eine sehr fortschrittliche Technologie, die in Zukunft in vielen Bereichen zum Einsatz kommen und den Status quo grundlegend verändern wird.

BIM-Koordination im Bauwesen

BIM (Building Information Modeling) ist eine Weiterentwicklung älterer CAD-Methoden (Computer Aided Design) und ermöglicht es, die gesamte Lebenszyklus-Information eines Bauprojekts in einem digitalen Modell zu erfassen und zu verwalten. Es erleichtert die Zusammenarbeit aller Beteiligten am Bauprozess und trägt zur Steigerung der Effizienz und Qualität bei.

Mit BIM können digitale Modelle von Gebäuden und Infrastrukturprojekten auch in VR dargestellt werden. Dies ermöglicht es, sich einen realistischen Eindruck zu verschaffen, noch bevor das Projekt gebaut wird, und erleichtert so die Entscheidungsfindung. Einige BIM-Tools unterstützen bereits die Erstellung von VR-Modellen, die für die spätere Verwendung im Metaverse optimiert sind. Dort können VR-Modelle von Gebäuden genutzt werden, um virtuell durch die Umgebung zu navigieren, zusammenzuarbeiten und Lösungen zu finden. Die virtuelle Darstellung bietet entscheidende Vorteile, und digitale Zwillinge sind der nächste logische Schritt in der Entwicklung von CAD-Plänen. Sie bieten die Möglichkeit, ein vollständigeres Bild von bestehenden Strukturen wie Brücken, Gebäuden und sogar Stadtlandschaften zu schaffen.

 GUT ZU WISSEN

Digitale Zwillinge

Unter »digitalen Zwillingen« versteht man ein virtuelles Modell eines realen Gegenstands. Das physische Objekt wird also 1:1 digital abgebildet. Dabei spielt es keine Rolle, ob das physische Objekt bereits existiert oder noch in der Planungsphase ist.

Mithilfe von digitalen Zwillingen können Simulationen und Analysen durchgeführt werden, um das Verhalten oder die Leistung eines physischen Objekts darzustellen und gegebenenfalls zu optimieren.

Die Verknüpfung von BIM und VR hat zweifellos großen Einfluss auf das Ingenieurwesen und die Bauindustrie in der virtuellen Welt. Es wird die Effizienz von Bauprojekten erhöhen und die Kommunikation und Zusammenarbeit aller Beteiligten verbessern.

Unity Software, Bentley Systems und Cupix sind führend in der Entwicklung von digitalen Zwillingsanwendungen. Unity und Hyundai sind eine Partnerschaft eingegangen, um den digitalen Zwilling einer kompletten Autofabrik zu entwickeln. Bentley Systems, ein führender Anbieter von Software für die Infrastrukturbranche (nicht zu verwechseln mit der Automarke), hat seine digitale Zwillingstechnologie eingesetzt, um virtuelle Modelle großer, komplexer Brücken zu erstellen und so den Inspektions-, Wartungs- und Reparaturprozess zu beschleunigen. Cupix hingegen konzentriert seine Technologie auf den Einsatz auf Baustellen, um den Fortschritt in Echtzeit zu überwachen, BIM-Modelle zu aktualisieren und den Arbeitsfortschritt zu verfolgen und zu dokumentieren.

3D-Finishing

Kunden können mit VR bereits vor der Bauphase visuell mit verschiedenen Ausstattungsoptionen für ihre Gebäude konfrontiert werden, um Nacharbeiten, Missverständnisse und Verzögerungen zu vermeiden. Sie können architektonische Ansichten, Glastypen und Fassadendesigns mit ihren jeweiligen Reflexionseffekten in VR sehen, um sich ein besseres Bild davon zu machen, wie ihr Bauprojekt nach Fertigstellung aussehen wird. So wird sichergestellt, dass es den Anforderungen der Kunden entspricht, ohne dass es zu kostspieligen Nachbesserungen kommt.

Präsentation in VR/AR und 360°

VR und AR ermöglichen es, Präsentationen auf eine neue Ebene zu heben und mit allen Sinnen zu erleben. Architekten können Entwürfe erstellen und unter realen Bedingungen überprüfen und frühzeitig notwendige Anpassungen vornehmen, bevor hohe Kosten entstehen. Dies erhöht die Effizienz, spart Kosten und hilft bei der Gewinnung von neuen Kunden. Eine vollständig immersive Präsentation in VR versetzt den Zuschauer mitten in das Projekt hinein und ist ein erfolgversprechender Weg, um die Aufmerksamkeit des Publikums zu gewinnen.

»Matterport« ist quasi der Standard für die Erfassung von 3D-Modellen und 360-Grad-Panoramen. Die innovative Software wandelt Objekte und Umgebungen der realen Welt in immersive digitale Zwillinge um. Sie wird von Immobilienmaklern, Fotografen, Veranstaltungsplanern und Hausbesitzern verwendet, um realistische 360-Grad-Räume und virtuelle Touren darzustellen. Die beeindruckenden Ergebnisse können nicht nur mit einer VR-Brille betrachtet werden, sondern lassen sich auch problemlos in Websites integrieren. Viele Beispiele finden Sie unter *www.matterport.com.*

Automobilindustrie

Die Automobilindustrie wird vom Metaverse profitieren, indem sie ihre Fahrzeuge beispielsweise in einer virtuellen Umgebung präsentiert und Dienstleistungen wie Probefahrten, individuelle Konfigurationen und sogar virtuellen Verkauf in einer realistischen Umgebung anbietet. Die Entwicklung neuer Modelle wird durch immersive Technologien bereits enorm erleichtert. Durch die Möglichkeit, virtuelle Prototypen zu entwerfen und ausgiebig zu erproben, werden Entwicklungszeit und -kosten gesenkt. Mit der Nutzung des Metaverse können Automobilhersteller nicht nur ihre Fahrzeuge virtuell präsentieren, sondern auch ihre Markenbekanntheit steigern und eine engere Verbindung zu ihren Kunden aufbauen.

Hier sind einige Anwendungsfälle:

Virtuelle Autoshows

Automobilhersteller können ihre neuesten Autos in virtuellen Ausstellungen oder realen Umgebungen präsentieren und so potenziellen Kunden ermöglichen, die Fahrzeuge von Nahem zu betrachten und zu erleben. Durch die Nutzung von VR- und AR-Technologien können die Automobile in einer vollständig virtuellen Umgebung dargestellt werden, die es ermöglicht, die Modelle in einer Vielzahl von Farben und Konfigurationen zu erkunden.

Nicht nur Farben, sondern auch Zubehör wie andere Lichter, Karosserieerweiterungen oder Komfortfunktionen können direkt am Modell ausprobiert werden, ohne dass diese physisch vorhanden sein müssen. Dies ermöglicht eine vollständige Personalisierung des Fahrzeugs, die eine Vorstellung davon vermittelt, wie das individuell angefertigte Auto aussehen und fahren würde. Dies steigert das Umsatzpotential für Autohersteller, da die potenziellen Kunden bereits vor ihrer individuellen Konfiguration stehen und diese direkt bestellen können.

Virtuelle Probefahrten

Nutzer können ein neues Automodell wie in einer Simulation in einer Virtual-Reality-Umgebung Probe fahren, ohne tatsächlich in das Auto zu steigen. Aktuell können reale Testfahrten häufig nicht für das exakt gewünschte Modell angeboten werden, da die Hersteller nicht alle Modelle lagernd haben. Die Auswahl der Fahrzeuge im Metaverse unterliegt hingegen keinen Beschränkungen. Mit den neuesten, sehr naturgetreuen VR-Simulationen haben die Autos inzwischen fast die gleichen Steuerungs- und Verhaltensmerkmale wie in der realen Welt.

Head-up-Displays

AR-Technologien sind bereits heute im Einsatz. Mit dem sogenannten Head-up-Display werden wichtige Fahrzeuginformationen direkt in das Sichtfeld des Fahrers auf die Windschutzscheibe projiziert. So muss der Fahrer seinen Blick nicht von der Straße nehmen und wird dadurch nicht vom Verkehrsgeschehen abgelenkt. Auch im Militär wird diese Technologie seit Jahren für Kampfpiloten eingesetzt, die durch die AR-Technologie wichtige Informationen in ihrem Helmvisier und auf der Frontscheibe sehen können.

Online-Verkauf

Für Nutzer, die das gewohnte Muster beim Autokauf nicht verlassen möchten, können Unternehmen ihre Autos in einem virtuellen Autohaus präsentieren. Interessenten können die Autos online kaufen, ohne dass sie ein reales Autohaus betreten müssen. Dies ist kein Zukunftsszenario, sondern bereits seit einiger Zeit Realität. Man denke an

Tesla, wo man Autos nur online bestellen und sogar mit Kryptowährung bezahlen kann.

Letztlich ist der Gang in ein echtes Autohaus meist kein wirklich positives Erlebnis. Man kann die Autos, die häufig nicht in voller Modellpalette verfügbar sind, nur anschauen und sich hineinsetzen. Auch den Klang des Autos kann man nur selten erleben. Individuelle Konfigurationen direkt am Auto sind in der physischen Welt nicht möglich. Das gewünschte Auto im Konfigurator ist meist nur auf einem kleinen Vorschaubild zu sehen. Gleichzeitig bedient ein Verkäufer diesen Konfigurator, der natürlich Einfluss auf den Verkauf des Autos nehmen möchte. Die Ruhe, der eigene Zeitrahmen und die ungestörte Begutachtung, die Nutzer im Metaverse beim Autokauf walten lassen können, beeinflusst den Kauf hingegen wesentlich positiver. Fotorealistische Außen- und Innenansichten ersetzen das reale Bild praktisch eins zu eins. Fragen, die in der realen Welt an einen Verkäufer gestellt werden, können selbstverständlich auch im Metaverse beantwortet werden. Hier wird die Frage entweder von Avataren oder durch generative künstliche Intelligenz beantwortet.

Schulungen und Anleitungen

Automobilhersteller können im Metaverse Schulungen und Seminare anbieten, um Mitarbeiter oder Partner über neue Technologien und Produkte zu informieren. Dies ist eine großartige Möglichkeit, Mitarbeiter auf den neuesten Stand zu bringen und ihre Fähigkeiten zu verbessern, ohne dass sie tatsächlich zu einem Schulungszentrum oder Seminarort reisen müssen. Die Kostenersparnis ist einer der wesentlichen Vorteile. Kunden möchten nach dem Kauf über die Funktionen und Bedienelemente ihres neuen Autos aufgeklärt werden. Hierzu sind interaktive Anleitungen über AR sehr gut geeignet.

Konstruktion

Die Entwicklung, Konstruktion und Erprobung neuer Autos findet seit Jahrzehnten zunächst am Computer und mit virtuellen 3D-Modellen statt. VR, AR und das Metaverse ermöglichen es nun, die Entwicklungsprozesse weiter zu optimieren und Zeit und Kosten zu sparen.

Während der Pandemie haben Autobauer die Zeit genutzt, um virtuelle Designräume einzurichten. Autohersteller konnten darin dreidimensionale Modelle ihrer Autos erstellen und mit ihnen experimentieren. Sie konnten verschiedene Designs und Technologien ausprobieren und die Reaktionen der Nutzer testen, ohne dafür Prototypen bauen zu müssen. Der Vorteil gegenüber dem Design in der realen Welt liegt auf der Hand.

Rajat Gupta, Senior Director of Business Development für Autonomous Systems, Mixed Reality und Metaverse bei Microsoft erklärt dazu: »Wenn man sich ein Automobilunternehmen ansieht, beginnen sie bei der Konstruktion von Autos mit Tonmodellen.«[21]

Diese realen Modelle werden dann mithilfe von CAD-Software erfasst. Da es jedoch schwierig sein kann, in CAD zusammenzuarbeiten und Objekte gemeinsam in 3D zu visualisieren, verwenden immer mehr Unternehmen Mixed Reality (AR und VR) einschließlich haptischer Funktionen. So kann das Fahrzeug als 3D-Modell betrachtet werden und die Kollegen können ihre Ideen über das Fahrzeugdesign austauschen.

Virtuelle Fabriken

Nicht nur Fahrzeugmodelle können im Metaverse konstruiert werden. Autobauer können mit der Softwareplattform NVIDIA Omniverse virtuelle Fabriken erstellen, in denen sie die Produktion ihrer Autos simulieren. Auch der Aufbau ganzer Produktionshallen oder Produktionslinien kann auf diese Weise visualisiert und getestet werden. Das hilft, Prozesse zu optimieren und mögliche Probleme in der Produktion frühzeitig zu erkennen. BMW nutzt diese Technologien bereits aktiv.[22]

Banken und Versicherungen

Es gibt eine Reihe von potenziellen Anwendungsfällen für Banken und Versicherungen im Metaverse. Zum Beispiel bietet es zahlreiche Möglichkeiten, Dienstleistungen und Produkte auf neue und innovative Weise anzubieten und zu vermarkten. Dies kann dazu beitragen, die Kundenzufriedenheit zu erhöhen und neue Kunden zu gewinnen.

Mit der Fortentwicklung des Metaverse werden sich weitere Möglichkeiten ergeben.

Virtuelle Bankfilialen

Ein Beispiel ist die Möglichkeit, virtuelle Bankfilialen im Metaverse zu eröffnen, in denen Kunden ihre Bankgeschäfte erledigen können, ohne tatsächlich in eine physische Filiale gehen zu müssen. Dies könnte besonders für Kunden in ländlichen Gebieten oder in anderen Teilen der Welt von Vorteil sein, in denen der Zugang zu Bankdienstleistungen begrenzt ist. Der Kostenpunkt für den Betrieb von Filialen, der u. a. in der realen Welt zu deren Schließungen führt, ist im Metaverse vergleichsweise gering.

Umtausch von virtuellen Währungen

Viele Metaverse-Plattformen verwenden ihre eigenen virtuellen Währungen, die in andere virtuelle Währungen oder auch reales Geld (Fiat) umgetauscht werden können. Banken und Finanzinstitute könnten eine besondere Rolle bei der Erleichterung dieses Umtauschs spielen.

Virtuelle Kreditkarten

Banken könnten virtuelle Kreditkarten ausgeben, die im Metaverse als Alternative zu Wallets verwendet werden können. Sie ermöglichen es den Nutzern, Einkäufe zu tätigen oder finanzielle Transaktionen in virtuellen Umgebungen durchzuführen. Mastercard arbeitet bereits an solchen Produkten.

Typische Bankprodukte

Einige Finanzinstitute bieten ihren Nutzern bereits die Möglichkeit, gängige Bankgeschäfte im Metaverse zu tätigen.

Geldautomaten

Das amerikanische Unternehmen Transak bietet einen Geldautomaten im Metaverse an: Mit seinem Avatar kann man also im Metaverse Kryptowährung am Geldautomaten kaufen.

Was zuerst einmal ziemlich überflüssig klingt, da man sein Wallet in der realen Welt mit Kryptowährung befüllen kann, ist auf den zweiten Blick durchaus sinnvoll: Die Geldautomaten von Transak stehen nicht etwa in deren Bankfilialen, wie man denken könnte. Sie stehen auf dem virtuellen Land von privaten Eigentümern oder Unternehmen. Diese werden mit einem kleinen Anteil an der Abhebung oder dem Kauf von Kryptowährung beteiligt, da sie ihre Fläche zur Verfügung stellen.

Natürlich wertet Transak dadurch auch die Bewegungen der Avatare in der Nähe der Geldautomaten und deren Zugriffe darauf aus und gewinnt so eine weitere Währung zur weiteren Verwendung: Daten.

Versicherungen

- **Versicherung von virtuellen Vermögenswerten**
  Einige Nutzer von Metaverse-Plattformen haben beträchtliche Geldbeträge für virtuelle Vermögenswerte ausgegeben, z. B. für virtuelle Immobilien, Kunst oder Spielgegenstände. Einige wenige Versicherungsunternehmen bieten bereits eine Versicherung für diese Vermögenswerte an, falls sie verloren gehen oder gestohlen werden.
  Spezialisierte Versicherungsunternehmen, wie die US-amerikanische TRAVA, bieten bereits einen Versicherungsschutz für digitale Gegenstände an. Sie haben ihr Risk-Management auf diese Kategorie spezialisiert und können die Risiken und Absicherungen von digitalen Gegenständen daher besser bewerten. Aufgrund dieser Spezialisierung sind traditionelle Versicherungsunternehmen in diesem Bereich bisher eher zurückhaltend.

- **Versicherung für virtuelle Veranstaltungen**
Virtuelle Veranstaltungen wie Konzerte oder Konferenzen im Metaverse werden immer beliebter. Versicherungsunternehmen können für diese Events eine Versicherung anbieten, die sie im Falle einer Absage oder längeren Unterbrechung abdeckt. Darüber hinaus könnte hier auch die Absicherung gegen Identitätsdiebstahl greifen, da sich Betrüger in der Regel auf Veranstaltungen mit vielen Teilnehmern herumtreiben. Hier gibt es keinen Unterschied zur realen Welt.

Markenplatzierung und Werbung

Auch in diesem Fall ist die reale Welt nicht weit von der virtuellen Welt entfernt. So wie in der echten Welt die Deutsche Bank die Namensrechte an der Fußballarena in Frankfurt erworben hat oder das Stadion in München »Allianz Arena« heißt, so wird auch dieses Marketing seinen Weg ins Metaverse finden.

So hat beispielsweise die Hongkong Shanghai Bank (HSBC) virtuelle Immobilien in The Sandbox erworben, von denen eines zu einem Stadion für virtuelle Sportveranstaltungen werden soll.

Auch die Werbung für Bank- und Versicherungsprodukte wird ihren Weg ins Metaverse finden. Der Fokus wird dort sicherlich mehr auf digital-typische Produkte wie den Verkauf von Kryptowährungen oder die Versicherung von digitalen Produkten liegen.

Beratung, Recht, Steuern

Einige Beratungsunternehmen und Anwaltskanzleien haben das Potenzial des Metaverse bereits erkannt und nutzen es, indem sie virtuelle Grundstücke auf Plattformen wie Decentraland oder The Sandbox kaufen und dort ihre Niederlassung aufbauen. Obwohl dies anfangs oft zu PR-Zwecken genutzt wird, streben diese Unternehmen langfristig an, ihren Mandanten dort auch Rechtsdienstleistungen anzubieten.

Viele dieser Kanzleien, die als »Early Adopters« im Metaverse agieren, hoffen, von den neuen Marketingmöglichkeiten zu profitieren.

So wie sich diese Beratungs-, Rechts- und Steuerkanzleien mittlerweile bereits moderneren Formen des Marketings wie z. B. den sozialen Medien zuwenden, wollen sich die neuen Metaverse-Kanzleien durch einen frühen Einstieg einen Wettbewerbsvorteil verschaffen.

Vertriebsplattform

Die Pioniere der Branche nutzen den frühen Einstieg vor allem als PR-Instrument, indem sie ihren Expertenstatus zum Thema Metaverse hervorheben und ihre Metaverse-Adressen auf ihren Websites bewerben. Einige stellen ihre Dienstleistungen in virtuellen Gebäuden aus, jedoch ist dies nicht immersiv und unterscheidet sich praktisch nicht von einer Website. Ein sinnvolleres Vorgehen wäre es, sich auf die Interaktion mit potenziellen Kunden und die Präsentation der eigenen Expertise zu konzentrieren.

Da einige dieser Berufsgruppen aufgrund von Vorschriften nicht für sich selbst werben dürfen, können sie nicht einfach Werbeflächen im Metaverse buchen und sich dort vermarkten. Das Metaverse kann dennoch Optionen für den Zugang zu Mandanten bieten und als Vertriebsplattform genutzt werden.

✔ **BEISPIEL**

Deloitte Deutschland

Deloitte Deutschland hat eigens ein sogenanntes Metaverse-Lab aufgebaut, in dem verschiedene spezialisierte Experten Mandanten beraten. Die Entwicklung einer institutionellen Krypto-Infrastruktur ist dort eines der exemplarischen Anwendungsbeispiele.

Diese Infrastruktur ermöglicht eine Zusammenarbeit von Deloitte und deren Kunden, die alle regulatorischen, technischen und infrastrukturellen Anforderungen erfüllt. Diese reichen von transaktionellen über bilanzielle und steuerliche Aspekte bis hin zu technischen Fragen. Für eine interdisziplinäre Expertise arbeiten die jeweiligen Bereiche übergreifend an Lösungen für die Mandanten. ▶▶

Deloitte kann in dieser Infrastruktur mit dezentralen Anwendungen des Web3 interagieren und hat zur Mandanteninformation und -weiterbildung beispielsweise die Smart Factory Academy auf der dezentralen Plattform Decentraland erstellt.

Die Pandemie hat den Trend zu Remote- und Hybridarbeit auch in dieser Branche beschleunigt. Infolgedessen bevorzugen viele Mandanten inzwischen sogar virtuelle Besprechungen mit ihren Experten über Teams oder andere Remote-Plattformen. Das Metaverse bietet zukünftig noch weitere immersive Möglichkeiten für Kanzleien, aus der Ferne mit ihren Mandanten zu interagieren.

Metaverse und NFT-bezogene Rechtsangelegenheiten

Es gibt viele Facetten des Metaverse, die regulatorische Probleme aufwerfen könnten, wie z. B. betrügerische Transaktionen, die Verletzung von Rechten am geistigen Eigentum oder auch die steuerliche Behandlung bei der Veräußerung und den Haltefristen von NFTs. Die beratenden Unternehmen, die bereits im Metaverse zu finden sind, haben sich nicht zuletzt aus Eigeninteresse und -schutz für sich und ihre Mandanten gut aufgestellt.

Ein weiterer potenzieller Vorteil für Metaverse-Kanzleien: Sie sind oft in der Lage, rechtliche und steuerliche Angelegenheiten im Zusammenhang mit dem Metaverse schneller und effizienter zu bearbeiten, da sie aufgrund des frühen Einstiegs in diesem Bereich bereits erste Erfahrungen und Kenntnisse gesammelt haben.

NFTs werden für weit mehr als nur den Erwerb virtueller Immobilien verwendet; sie können auch einzigartige Kunstwerke oder Sammlerstücke sein. Die strategischen, rechtlichen und steuerlichen Fragen, die sich bei diesen Vermögenswerten stellen, ähneln denen, die sich bei traditionelleren Vermögenswerten ergeben. Dazu gehören Vertragsabschlüsse, Urheberrechtsverletzungen, Sicherheitsfragen, Haltefristen und steuerliche Vorschriften. Kanzleien werden Dokumente zukünftig auf der Blockchain speichern, und zwar auf eine Weise, die mehr Sicherheit bietet als die derzeitigen Cloud-basierten Plattformen.

Viele Kunden werden es vorziehen, sich von Anwaltskanzleien beraten zu lassen, die bereits über eine eigene Metaverse-Präsenz verfügen und selbst Erfahrung mit den Metaverse- und Web3-Systemen gemacht haben.

✔ BEISPIEL

KPMG Kanada

Das kanadische Wirtschaftsprüfungs- und Beratungsunternehmen KPMG hat 2022 digitale Kunst aus der renommierten NFT-Kollektion »World of Women« (WoW) erworben und damit einen ersten Vorstoß in diese schnell wachsende technologische Innovation unternommen.

Dieses NFT, genauer gesagt »Woman #2681«, die auch als »Blue Lady« bezeichnet wird, ist neben anderen NFTs in einer Metaverse-Ausstellung im virtuellen Raum von KPMG Kanada zu sehen. Damit demonstriert KPMG Kanada die eigene NFT-Expertise und wird so für potenzielle Kunden zu einem kompetenten Ansprechpartner.

Darüber hinaus unterstützt diese NFT-Kollektion von Frauen geführte NFT-Projekte. KPMG nutzt dies auch für eigene PR-Zwecke, um zu zeigen, dass das Unternehmen ein Vorreiter in Sachen Gleichstellung und Diversität ist.

Was die Zukunft von Anwaltskanzleien im Metaverse betrifft, so sollte erwähnt werden, dass ein Großteil des Potenzials noch theoretisch ist. Für Aktivitäten von Anwaltskanzleien im Metaverse gibt es bislang noch keine klaren Regelungen. Auch der allgemeine Rechtsrahmen und Regulierungen für Mandanten sind gerade erst in der Entstehung. Es gibt noch viele Unsicherheitsfaktoren, die jedoch mehr und mehr aufgelöst werden.

Bildungswesen

In der schulischen wie auch beruflichen Aus- und Weiterbildung wird es enorme Fortschritte geben, die das Lernen und vor allem das Verständnis durch einen höheren Erlebniswert nachhaltig verbessern werden. Im Vergleich zu eindimensionalen Lernmitteln wie Texten oder Bildern werden zukünftig weit mehr Sinne angesprochen. Man kann in die jeweilige Materie eintauchen, aktiv mit Gegenständen interagieren und die Lernziele so viel intensiver vermitteln.

✓ **BEISPIELE**

So können Schüler beispielweise:
- virtuelle Ausflüge ins mittelalterliche Rom unternehmen,
- die Apollo-Mondlandung aus der Kommandokapsel selbst steuern,
- sich im Französischunterricht mit einem realen oder KI-gesteuerten Muttersprachler unterhalten.

Bei der betrieblichen Weiterbildung ist es möglich:
- dass Mitarbeiter lernen, komplexe Prozesse oder Maschinen vorab risikolos und kollaborativ im Metaverse zu bedienen,
- dass Schulungen und Onboarding-Prozesse neuer Mitarbeiter remote im digitalen Raum stattfinden,
- dass Mitarbeiter von erfahrenen Experten und Trainern aus verschiedenen Ländern unterrichtet werden,
- dass Mitarbeiter virtuelle Assistenten und Chatbots für eine personalisierte Lernumgebung nutzen.

Im Bildungswesen bedarf es Leitlinien und Rahmenbedingungen. Die gemeinnützige Förderung der Bildung für alle, unabhängig von Standort und sozialem Status, ist oberstes Ziel. Dies wird durch viele Organisationen gefördert, die sich der Verbesserung des Bildungswesens verschrieben haben.

Das Metaverse Education Council

Eine dieser Organisationen ist der Metaverse Education Council (MEC). Der MEC ist dabei der Ansicht, dass Bildung ein Menschenrecht ist und für jeden zugänglich sein sollte.

Dieser Rat ist ein Zusammenschluss von internationalen Pädagogen, Studenten, Forschern und Wirtschaftsführern, die sich für den Einsatz von VR und anderen immersiven Technologien im Bildungsbereich starkmachen. Der MEC nutzt das Fachwissen seiner Vorstandsmitglieder, um Ressourcen zu schaffen, Standards zu entwickeln und sich für politische Maßnahmen einzusetzen, die den Einsatz von immersiver Bildung unterstützen. Er organisiert Veranstaltungen und veröffentlicht Forschungsberichte, um seine Mission zu unterstützen und eine Vielzahl an Pädagogen zu erreichen.

Der MEC bemüht sich auch darum, Möglichkeiten für Pädagogen zu schaffen, diese Technologien kennenzulernen und mit ihnen zu experimentieren. Darüber hinaus stellt der MEC Ressourcen und Unterstützung für Pädagogen bereit, die an der Integration von VR und AR in ihren Unterricht interessiert sind. Nach Ansicht des MEC sollen immersive Technologien Teil der Ausbildung eines jeden Schülers sein.

Es gibt viele weitere Beispiele, wie man den Lernprozess verbessern kann. Der Kreativität und Umsetzbarkeit sind im Metaverse praktisch keine Grenzen gesetzt. Gerade in einer Zeit, in der die Entwicklungszyklen immer kürzer werden und man sich fortlaufend weiterbilden muss, bieten immersive Technologien ungeahnte didaktische Möglichkeiten.

Fashion und Lifestyle

Die Mode- und Lifestyle-Industrie hat die Nutzung des Metaverse bereits auf breiter Front für sich entdeckt. Das Metaverse ermöglicht es, sich auf ganz neue Art und Weise mit den Kunden zu verbinden. Virtuelle Reality-Fashion-Shows ermöglichen es Designern, ihre neuesten Kollektionen einem globalen Publikum auf immersive und interaktive

Art und Weise zu präsentieren. Kunden können Mode- und Lifestyle-Produkte in einer virtuellen Umgebung anprobieren und kaufen.

Metaverse-Technologien werden auch für die Produktentwicklung und das Design genutzt.

Die immersive und interaktive Natur des Metaverse ermöglicht es Mode- und Lifestyle-Unternehmen, fesselnde und bleibende Kundenerlebnisse zu schaffen. Virtuelle Modenschauen, multimediale Einkaufserlebnisse und die Verknüpfung mit digitalen Produkten führen zu einer sehr hohen Identifikation mit der Marke und ihren Produkten, was im physischen Umfeld kaum möglich ist. Das kann zu einer sehr hohen Kundenloyalität und einer aktiven Community und Fanbase führen. Eine Marke zu einer »Love Brand« zu entwickeln, kann im digitalen, virtuellen Raum schneller und einfacher umgesetzt werden als in der realen Welt, insbesondere bei jüngeren Zielgruppen.

Viele bekannte Unternehmen aus der Mode- und Lifestyle-Branche engagieren sich bereits im Metaverse, zum Beispiel Ralph Lauren, Prada und Burberry, aber auch Sephora und Estée Lauder. Sie bieten typische Virtual-Reality-Erlebnisse oder andere immersive Angebote für ihre Kunden, die über die reale Welt hinausgehen. So haben H&M, Adidas und Louis Vuitton virtuelle Stores im Metaverse eröffnet, in denen Kunden virtuell durch die Geschäfte flanieren und Produkte anprobieren und teilweise digital, wie auch für die reale Welt, kaufen können. Burberry hat ebenfalls eine virtuelle Präsenz im Metaverse errichtet, in der Kunden interaktive Modeschauen erleben und exklusive Einkaufserlebnisse genießen können. Diese Unternehmen haben erkannt, dass das Metaverse eine wichtige Plattform für die Zukunft des neuen E-Commerce und der Markeninteraktion darstellen wird.

Bei den meisten dieser Luxusmarken steht die Marke an vorderster Stelle, zusammen mit der Interaktion durch Mitarbeiter-Avatare und deren Markenbotschaft im virtuellen Geschäft.

Nachfolgend weitere Möglichkeiten im Detail:

Virtual-Reality-Shopping

Im Metaverse können Kunden Kleidung und Accessoires in virtuellen Geschäften über ihren Avatar anprobieren und kaufen, ohne dass sie tatsächlich in ein physisches Ladengeschäft gehen müssen. Virtual-Reality-Erlebnisse im Einzelhandel können besonders für Kunden nützlich sein, die in abgelegenen Gebieten leben oder Mobilitätsprobleme haben.

Ein zusätzlicher Vorteil bei dieser Art des Einkaufens ist die Tatsache, dass Kunden fotorealistische Kleidung und Schuhe digital anprobieren und diese bestenfalls sogar direkt individualisieren können.

Die Abwicklung von Retouren ist immer noch eine der größten Herausforderungen im Online-Handel. In nicht allzu ferner Zukunft wird ein Nutzer seinen Körper einmal in 3D scannen und vermessen lassen. Danach muss man sich bei Online-Bestellungen und natürlich auch im Metaverse nie wieder Gedanken über falsche Größen machen. Die künstliche Intelligenz wird zukünftig nicht nur das exakt passende Kleidungsstück für den Nutzer finden, sondern auch, je nach Anbieter, die Passform des Kleidungsstücks in die Größenauswahl direkt mit einbeziehen.

Virtuelle Fashionshows

Die Fashion- und Lifestyle-Branche nutzt das Metaverse bereits heute für virtuelle Modenschauen. Diese Shows ermöglichen es den Designern, ihre neuesten Kollektionen einem weltweiten Publikum immersiv und interaktiv zu präsentieren. Die Qualität von digitalen Stoffen und Materialien ist heute kaum noch von der Realität zu unterscheiden. Mit Modenschauen im Metaverse können nicht nur weitaus mehr Menschen erreicht werden, sondern sie bieten auch eine nachhaltigere Alternative zu herkömmlichen Fashionshows, die in der realen Welt viele Reisen und Ressourcen erfordern.

Virtuell-kollaborative Produktentwicklung

Neben Virtual-Reality-Modenschauen und -Einzelhandelserlebnissen nutzt die Bekleidungsindustrie XR-Technologien auch für das Design und die Produktentwicklung. So können Designer beispielsweise neue Prototypen ihrer Produkte visualisieren. Zusammen mit ihren Marketingkollegen können sie diese mit der entsprechenden Zielgruppe testen, bevor sie produziert werden. Das spart Zeit und Ressourcen. Virtual Reality kann auch für die Marktforschung verwendet werden, um von unterschiedlichen Konsumenten Feedback zu den neuen Produkten zu erhalten.

Virtual-Reality-Events

Im Metaverse findet bereits heute eine Vielzahl virtueller Veranstaltungen wie Konzerte, Partys und Modeschauen statt. Man kann hier sogar seine eigene virtuelle Kleidung, die man als NFT besitzt, an seinem Avatar tragen. Oftmals handelt es sich dabei um saisonale Events von Mode- und Lifestyle-Unternehmen, wie beispielsweise die Metaverse Fashion Week.[23] Auch Promotionen für limitierte Sonderkollektionen für Liebhaber oder Kosmetikberatungen gehören in diese Kategorie.

Virtual Reality im Wellnessbereich

Im Metaverse gibt es sogar Angebote für virtuelle Schönheitsbehandlungen und Wellness-Erlebnisse, wie Massagen oder Meditationen. Diese werden teilweise mit zusätzlichen, auch aus der Ferne steuerbaren Geräten durchgeführt. Für Meditationen und Achtsamkeitsübungen gibt es bereits einige Angebote. Da man sich mit einer VR-Brille von der Außenwelt quasi abkapselt, kann man sich wesentlich leichter auf die Übungen und das eigene Ich konzentrieren, was ein klarer Vorteil ist.

Beauty und Kosmetik

In der Beauty- und Kosmetikbranche haben die bekannten Kosmetikmarken Sephora und Estée Lauder eigene virtuelle Metaverse-Flagship-Stores eröffnet. Hier können Kunden mithilfe von AR neue Produkte testen, sich von Schönheitsexperten beraten lassen oder Lippenstifte und Make-up virtuell ausprobieren.

Paradebeispiel Gucci

Die italienische Luxusmarke hat im Metaverse bereits mehrere virtuelle Präsenzen eröffnet. Bei Gucci lohnt es sich nicht nur, die Strategie zu betrachten, sondern auch einen Blick auf die interne Organisationsstruktur zu werfen: Das Unternehmen beschäftigt einen »CEO of Metaverse« (Robert Triefus), der in seiner Funktion direkt an Gucci-CEO Marco Bizzarri berichtet. Neben dem einträglichen physischen Geschäft wird das Metaverse bei Gucci als *der* kommende E-Commerce-Kanal gesehen.

Der Gucci Vault

Natürlich verfügt Gucci auch über einen virtuellen Metaverse-Showroom, in dem Kunden die neuen Kollektionen sowohl digital als auch physisch ansehen und kaufen können. Neben dem klassischen Luxus-Brand Gucci wurde aus diesem Grund der neue Sub-Brand »Gucci Vault« geschaffen, der die Vergangenheit (mit Vintage-Produkten), die Gegenwart und die Zukunft mit digitalen Produkten vereint. Gleichzeitig heißt auch die virtuelle Anlaufstelle »Gucci Vault«. Hier finden immer wieder neue Aktionen und spannende Events statt. Das führt Fans und neugierige Nutzer – auch durch das bereits beschriebene Phänomen FOMO – immer wieder zu den digitalen Gucci Experiences.

Von 27. Oktober bis 9. November 2022 wurde der Gucci Vault zusätzlich zur normalen Metaverse-Präsenz zum Treffpunkt der digitalen Community in The Sandbox. Beworben wurde der Vault wie folgt: »Wo die Neugierde in jeder Ecke wartet. Roboter weisen den Weg durch die verschiedenen Facetten der Landschaft – vom Vault Vintage Lab über ein Motorrad-Rennspiel bis zum Reverso Room zeigen sich die vielen Eigenschaften von Vault in überraschender Form, einschließlich einer begrenzten Sammlung digitaler Sammlerstücke. Gucci Vault Land umfasst alle Facetten eines Concept Stores und zelebriert eine sorgfältige Kuration seltener Vintage-Gucci-Stücke, den Dialog zwischen zeitgenössischen Künstlern und dem Haus Gucci. Es zeigt die Begeisterung ▶▶

für NFT-Kunstwerke und die Magie, die entsteht, wenn all diese verschiedenen Facetten und die Gemeinschaften, die sie umgeben, zusammenkommen.«[24]

Man kann die sprühende Kreativität hier förmlich spüren und sich den Unterhaltungswert des Gucci Tresors (englisch »vault« = Tresor) sehr gut vorstellen. Das Bedürfnis, an dieser exotischen Welt teilzuhaben, war dementsprechend groß und spiegelte sich in der Zahl der Nutzer und der Dauer ihrer Aufenthalte wider. Als Bonus für die Community erhielten Nutzer, die bereits ein Gucci-NFT in ihrer Wallet hatten, ein ganz besonderes und limitiertes Sammlerstück. Das »Gucci Vault Aura«-NFT konnte von den Avataren in The Sandbox getragen werden, um ihre Verbindung zur Community zu zeigen. Die Sammlerstücke wurden also gut sichtbar angebracht, was nicht nur die Marke prominent in Szene setzte, sondern den Besitzern die entsprechende Reputation einbrachte, beim Event dabei gewesen zu sein und eines dieser seltenen Stücke erworben zu haben.

Realer Umsatz in der digitalen Welt

Mit der Zepeto-App können Gucci-Fans ihre eigenen Avatare erstellen und sie in Gucci-Outfits kleiden. Die Outfits müssen extra gekauft werden. Man kann sie jedoch auch durch die Teilnahme an bestimmten Veranstaltungen »verdienen«.

Neben The Sandbox war Gucci mit »Gucci Town« bereits 2021 auf der Spieleplattform Roblox vertreten und eröffnete 2022 für zwei Wochen den farbenfrohen »Gucci Garden«. Hier wurde im Herbst 2022 eine virtuelle Gucci-Tasche für den Gegenwert von etwa 4115 Dollar verkauft, was dem Preis von 350.000 Token der plattformeigenen Kryptowährung Robux entspricht. Im Vergleich dazu kann das identische Modell in der realen Welt für »nur« 3400 Dollar erworben werden. Dies war jedoch nicht der einzige digitale Asset, der über den Ladentisch ging. Auch Produkte aus limitierten Kollektionen trugen zu den hohen Umsätzen bei.

Zum Vergleich: Auf der Kopenhagener Fashion Week im August 2022 wurde unter dem Label »Rotate« ein phygitales Kleid vorgestellt: Für 800 Euro könnte man ein virtuelles Kleid ►►

für seinen Avatar mit einem Flammenaufdruck als NFT kaufen, das beim Tragen lodernde Flammen versprühte. Für 80 Euro konnte man dasselbe Kleid als digitales Design für sein Instagram-Profil oder seine digitale NFT-Galerie erwerben.

Dies ist ein klarer Hinweis auf einen neuen Trend: Direct-to-Avatar (D2A) ist, zumindest was den Umsatz angeht, das neue Direct-to-Consumer (D2C).

Zusätzlich zu den Gucci-Markenverkäufen kommen noch Einnahmen aus Verkäufen von Fashion-Kooperationen hinzu. So kooperiert Gucci beispielsweise mit Adidas oder auch mit dem Outdoorhersteller The North Face, um nur zwei Partnerschaften zu nennen. Die exakte Umsatzhöhe aus allen Verkäufen über das Metaverse verrät Gucci zwar nicht, macht aber in einem Statement aus dem Herbst 2022 deutlich, dass die Aktivitäten rund um das Metaverse ein wichtiger Wachstumshebel für Gucci sein könnten. Sie haben sich zum Ziel gesetzt, den Umsatz mittelfristig von rund 10 auf 15 Milliarden Euro zu steigern.[25] E-Commerce im Metaverse sowie die eigene NFTs werden zu diesem Wachstum beitragen.

✔ BEISPIEL

Dolce & Gabbana

Dolce & Gabbana konnte mit ihrer »Phygital-Kollektion« mehr als fünf Millionen Dollar verdienen. Das sonst wenig innovative Label hat in Zusammenarbeit mit der Plattform UNXD eine erfolgreiche und lukrative Phygital-Kollektion entworfen, die im Zusammenhang mit ihrer Haute-Couture-Präsentation im Herbst 2022 versteigert wurde. Die Kollektion »Collezione Genesi« umfasste fünf klassisch-reale Couture-Kleider, die jeweils zusammen mit einer entsprechenden NFT-Version verkauft wurden. Die Einnahmen der Veranstaltung betrugen insgesamt 1885 Ether, was zu diesem Zeitpunkt einem Wert von fast 5,7 Millionen Dollar entsprach.

Fertigung, Produktion, Supply Chain

Auch wenn das Metaverse seit Langem bekannt ist, hat es den Produktionssektor erst kürzlich erobert.

Digitale Zwillinge werden heutzutage bereits in Bereichen wie Fertigung, Produktion und Supply-Chain-Management eingesetzt und haben sich dort als wirksam erwiesen. Sie ermöglichen es Unternehmen, ihre Innovationskraft im wettbewerbsintensiven Markt voranzutreiben. (Mehr zu digitalen Zwillingen unter »Architektur, Design und Bauwesen«.)

Im Metaverse können reale Maschinen und Produktionsstrecken als digitale Zwillinge erstellt werden. Dadurch können Mitarbeiter komplexe Aufgaben und Abläufe schnell erlernen und virtuell von überall aus zusammenarbeiten. Insbesondere im Bereich Wartung und Service bieten digitale Zwillinge große Optimierungspotenziale. Ausfallzeiten können reduziert werden, indem man Problemlösungen virtuell durchspielt, ohne den tatsächlichen Betrieb zu beeinflussen.

Unternehmen können digitale Zwillinge auch von bestehenden Funktionen wie Produktionslinien oder ganzen Fertigungshallen erstellen. Mit ihnen können sie simulieren, wie sich verschiedene Szenarien auf die Produktivität, Materialverwendung, Zulieferer und viele andere Faktoren auswirken, und das parallel zum regulären Betrieb.

Digitale Zwillinge in der Fertigung

Was bedeutet dies für künftige Anwendungen, und wie werden digitale Zwillinge bereits heute von Early Adoptern genutzt?

Eine der häufigsten Anwendungen von digitalen Zwillingen in der Fertigung besteht darin, Echtzeitdaten aus dem Betrieb von Anlagen zu erfassen und zu analysieren, um Empfehlungen für Veränderungen zu geben. Mit diesen Daten können Unternehmen neue Arbeitsabläufe und Prozessoptimierungen implementieren. Der digitale Zwilling wird auch genutzt, um neue Geschäftsmodelle in einer risikoarmen Umgebung zu testen, indem er durch das Sammeln und Analysieren von Daten aus der realen Welt lernt. Auf diese Weise können Unternehmen ihre Effizienz erhalten und gleichzeitig die Kreativität in der gesamten Organisation fördern.

Digitale Zwillinge in der Ausbildung

Das Metaverse kann genutzt werden, um Personen in besonders anspruchsvollen Berufen auszubilden. Indem man eine realistische Umgebung simuliert, können Mitarbeiter ihre Fähigkeiten verbessern, ohne die Gefahr einzugehen, teure oder sogar katastrophale Fehler zu machen. Dies ist besonders nützlich für die Bedienung komplexer Maschinen, da eine unsachgemäße Verwendung dieser Ausrüstung sowohl die Mitarbeiter als auch die Maschinen selbst gefährden kann.

Mehrere Unternehmen, wie die Hyundai Motor Company, haben bereits damit begonnen, das Metaverse zu nutzen, um ihre Betriebsabläufe zu optimieren und Herausforderungen mithilfe einer virtuellen Umgebung zu meistern. Anstatt realer Maschinen, die in Schulungsszenarien gefährlich sein können, verwenden sie VR-Headsets, um ihr Personal auf die Bedienung und Wartung von Geräten vorzubereiten.

✓ **BEISPIEL**

JetBlue und Strivr

Die US-Fluggesellschaft JetBlue hat sich mit dem Softwareunternehmen Strivr zusammengetan, um eine VR-Lösung einzuführen, denn die Schulung und Ausbildung von Technikern an echten Flugzeugen ist teuer und zeitaufwendig. Mit dieser Ausrüstung können Spezialisten die Wartung eines Flugzeugs so genau wie möglich simulieren, ohne den Zeitaufwand, die Kosten und die Gefahren in der realen Umgebung.

Andy Kozak, der das VR-Training bei JetBlue initiiert hat, sagte, das Ziel sei, dass die Teilnehmer kostengünstig und risikofrei lernen können und die neuen Erkenntnisse in der täglichen Arbeit umsetzen können. Das Ziel sei die schnellere und doch realistische Verbesserung ihrer Leistung.[26] Die Vernetzung bei der Ausbildung solcher Teams weltweit ist im Metaverse auf immersive Weise möglich.

Darüber hinaus verbessert immersives Lernen die Lernerfahrung für Mitarbeiter, da es das Erlebnis am Objekt in VR mit Lerntheorie, Datenwissenschaft und architektonischem Design kombiniert. Vor allem jüngere Mitarbeiter sind für diese Art des Lernens offen, da sie normalerweise den ganzen Tag in einem Klassenzimmer säßen, um zu lernen. In der immersiven Lernumgebung ist die Lernwilligkeit gerade in dieser Zielgruppe wesentlich höher.

✓ **BEISPIEL**

Verizon und Strivr

Der US-amerikanische Telekommunikationsanbieter Verizon nutzt die VR-Trainingsprogramme von Strivr, um den Angestellten in den Verizon-Filialen das richtige Verhalten im Falle eines Diebstahls beizubringen. Beschäftigte in der Lebensmittelproduktion lernen, wie sie sich in der Nähe von Lebensmittelverarbeitungsanlagen sicher verhalten, während andere Strivr-Programme Lagerarbeiter darin schulen, wie sie Lieferfahrzeuge effizient und sicher be- und entladen.

Aufgrund dieser Vorteile erwägen inzwischen immer mehr Unternehmen die Einführung von vernetzten VR-Schulungen im Metaverse als ersten Schritt bei der Ausbildung neuer Mitarbeiter. Gerade in der Fertigung, in der Logistik oder in Hochrisikosektoren wie Atomkraftwerken oder chemischen Betrieben liegt diese neue Ausbildungsart im Trend.

Digitale Zwillinge in Simulationen

Die Technologie des digitalen Zwillings, bei der jede Komponente eines physischen Ortes oder Objekts digitalisiert wird, wird im Metaverse bereits heute erfolgreich für Simulationen eingesetzt.

Man kann virtuelle Umgebungen nutzen, um die Fertigung von Produkten zu simulieren und zu optimieren. Hierbei kann ein digitaler Zwilling des Produkts erstellt werden, der mit der tatsächlich gefertigten physischen Version verglichen werden kann, um Abweichungen zu erkennen oder verschiedene Fertigungsverfahren auszuprobieren. Dies ermöglicht es, neue Herangehensweisen, Prozesse und Werkzeuge in der Innovationsarbeit zu testen und zu verbessern.

Konstrukteure von autonomen Autos verwenden virtuelle Umgebungen, um das Verhalten der Fahrzeuge in realen Szenarien zu simulieren und so die Leistung und Sicherheit der Autos zu optimieren. Durch die Verwendung von digitalen Zwillingen und Simulationen können sie das Verhalten der Autos in realen Umgebungen testen, bevor sie auf die Straße gehen, und so potenzielle Probleme frühzeitig erkennen und lösen.

✔ BEISPIEL

BMW

Laut Richard Ward, dem Metaverse- und Web3-Spezialisten von McKinsey, hat BMW sechs Monate lang virtuelle Autos im Maßstab 1:1 in einem neuen virtuellen Werk gebaut, bevor das endgültige Design der Fabrik umgesetzt wurde.[27] Im Laufe der sechs Monate änderten die Ingenieure das Design um etwa 30 Prozent, basierend auf den Erkenntnissen aus der Simulation. BMW machte keine genauen Angaben darüber, wie viel effizienter die Fertigung im Anschluss war. Dennoch gab der Konzern an, dass am ersten Tag der Simulation etwa 30 Prozent dessen, was man für die beste Fertigung der Welt hielt, geändert werden musste.

Das Ergebnis dieser Simulation sind effektivere Methoden und effizientere Lösungen, um neue Produktionssysteme zu entwickeln.

AR, VR, MR für Außendienstmitarbeiter

»Außendienstmitarbeiter für Wartung & Support können ebenso wie Servicetechniker von AR-, VR- und MR-Technologien profitieren«, so Rajat Gupta, Senior Director of Business Development für Autonomous Systems, Mixed Reality und Metaverse bei Microsoft.[28]

»Dies hat sich nach Ausbruch der Pandemie beschleunigt, als alle Support-Teams mit Reisebeschränkungen und gesundheitlichen Problemen zu kämpfen hatten.« Gupta merkte an, dass einige von ihnen VR und Mixed Reality nutzten, um aus der Ferne Unterstützung zu leisten, anstatt jemanden aus einem anderen Land in die Vereinigten Staaten einzufliegen.[29]

Ein weiterer Vorteil für Unternehmen in diesem Bereich ist es, dass viele Fernwartungslösungen keine zusätzliche Hardware wie spezielle AR-Brillen oder VR-Headsets benötigen. Tom Mainelli, Analyst beim Marktforschungsunternehmen IDC, stellt fest, dass »bereits viele Unternehmen die Anwendung von AR mit bestehenden Geräten wie Smartphones und Tablets untersuchen«.[30] Die Einführung von AR- und VR-Technologien wurde durch die Pandemie stark beschleunigt.

Laut Ward von McKinsey kann der Einsatz dieser Technologie auch die Einstellung der Arbeitnehmer vor Ort verbessern, ohne dass sie das Gefühl haben, von ihrem Arbeitgeber beobachtet oder überwacht zu werden. Er erklärte, dass die Menschen es zu schätzen wissen, dass neue Technologien ihnen helfen, Probleme zu lösen, was ihnen letztlich das gute Gefühl gibt, dass ihre Arbeit einen Sinn hat.[31]

Virtuelle Zusammenarbeit bei der Produktgestaltung

Die Pandemie steigerte das Interesse an VR im Produktdesign der Hersteller erheblich. Als alle im Büro arbeiteten, konnten Ingenieure in Konferenzräumen an Entwürfen zusammenarbeiten, aber in der Zeit, als alle im Homeoffice waren, war ein neuer Ansatz erforderlich. Designer aus der ganzen Welt konnten mithilfe von Virtual Reality aus der Ferne zusammenarbeiten, um gemeinsam einen virtuellen Entwurf zu erstellen. So nutzten Unternehmen die Zeit während der Pandemie, um mit dieser Technologie ausgestattete Metaverse-Designräume einzurichten.

Laut Ward von McKinsey können sich ihre Kunden und andere qualifizierte Ingenieure aus der Ferne einloggen, und die Erfahrung nimmt die Qualität von Zoom an, jedoch in 3D, was eine neue Ebene der Zusammenarbeit in der Konstruktion ermöglicht.[32]

Das wird viele langfristige Auswirkungen auf die Arbeitswelt haben, da die Technologie den Menschen ermöglicht, hochproduktive technische Designarbeit zu leisten, ohne reisen zu müssen.

Von virtuell zu real

Wenn die physische Welt der virtuellen weicht, ergeben sich für die Hersteller eine Reihe von Möglichkeiten, die im besten Fall neue Einnahmequellen erschließen. Während früher aus realen Objekten digitale Gegenstücke entstanden sind, so gibt es heute ganz neue Ansätze. Schon seit Langem gibt es den Handel von virtuell zu virtuell, der es etwa einem Gamer ermöglicht, digitale Gegenstände mit echtem Geld zu kaufen und anschließend virtuell weiterzuverkaufen. Neue Ideen ermöglichen es nun z. B., physische Produkte zu bauen, die unter Verwendung von virtuellen Konzepten entstanden sind. Also von virtuell zu real. Man denke nur an die Möglichkeiten des 3D-Drucks.

Cathy Hackl, Metaverse-Expertin, sagt: »Ich bin fasziniert davon, dass wir über die virtuell-virtuelle Komponente hinausgehen und zur virtuell-physischen Komponente übergehen. Ich könnte online interagieren und etwas Digitales kaufen, das dann tatsächlich physisch zu mir nach Hause geliefert wird. Und dann gibt es noch den umgekehrten Fall, bei dem ich ein physisches Produkt oder Erlebnis erwerbe, das mir Zugang in eine virtuelle Umgebung ermöglicht.«[33]

Beispiele dafür sind bereits in bescheidenem Rahmen zu finden.

> ✔ **BEISPIEL**
>
> Auf der Website von Hero Forge unter *www.heroforge.com* können Rollenspieler virtuelle Modelle mit Hunderten von verschiedenen Charaktervorlagen für Gesichter, Kleidung, Waffen und Ausrüstung erstellen. Nach dem Kauf druckt Hero Forge das fertige Produkt in 3D und sendet es an den Kunden. Zusätzlich kann die digitale Designdatei erworben werden, um die Figur auf dem eigenen 3D-Drucker auszudrucken oder um sie als Avatar in virtuellen Spielen zu verwenden. ▶▶

> Cathy Hackl zufolge stellt das Spielzeugunternehmen L.O.L. Sammelkarten her, deren Überraschungskartenpakete einen QR-Code enthalten. Dieser kann gescannt werden, um zusätzlich zu den physischen Karten NFTs und virtuelle Experiences zu erhalten. Sie sagt, dass diese Projekte bisher zwar noch nicht in großem Maßstab umgesetzt wurden, »aber ich bin zuversichtlich, dass sie es werden, wenn die Unternehmen mehr über die neue Kundenerwartung im Einzelhandel und die Datenpunkte beim Produktkauf und der Produktverwendung erfahren und es selbst einmal ausprobieren«.[34]

Hersteller, die offen sind für diese neuen Prozesse, werden unendlich viele Möglichkeiten entdecken.

In der Vergangenheit haben Unternehmen neue Technologien in der Regel nur langsam angenommen. Experten im Bereich Metaverse und AR/VR/MR glauben jedoch, dass die Hersteller die Möglichkeiten dieser Technologien keineswegs ignorieren dürfen und dass immer mehr Nachfrage entstehen wird – und das nicht nur von jüngeren Kunden.

Tom Mainelli von IDC wird daher deutlich: »Fertigungsunternehmen, die heute nicht mit AR und VR experimentieren, riskieren in naher Zukunft zurückzufallen. AR und VR werden den Herstellern nicht nur dabei helfen, ihre Unternehmen inklusive aller Produktionsprozesse digital umzugestalten, sondern werden in Zukunft auch für die Einstellung, das Onboarding und die Weiterbildung ihrer Belegschaft von entscheidender Bedeutung sein.«[35]

Gesundheitswesen

Das Metaverse wird dem Gesundheitssektor bedeutende Fortschritte bringen. Es schafft eine Reihe neuer Möglichkeiten, wie z.B. Smart-Health-Anwendungen und chirurgische Verfahren und Eingriffe, um Menschen mit Einschränkungen und besonderen medizinischen Erfordernissen zu helfen.

Das Metaverse ermöglicht es beispielsweise Chirurgen, ihre Eingriffe in einer simulierten Umgebung zu trainieren, wodurch Operationen für Patienten sicherer werden. Bei komplizierten Fällen können sich Ärzte und Gesundheitsfachkräfte mit Remote-Experten im Metaverse in Verbindung setzen, Patientendaten abrufen und am Point-of-Care nicht nur Röntgenbilder, sondern auch dreidimensionale MRT-Aufnahmen überprüfen. All dies kann in sogenannten sicheren Räumen stattfinden, die nur auf Einladung zu betreten sind und so die Sicherheit der verwendeten Patientendaten gewährleisten.

Einige Beispiele für Smart Health führen wir hier auf. Es werden zukünftig darüber hinaus sicher noch viele weitere Möglichkeiten entstehen, wie Smart-Health-Anwendungen im Metaverse eingesetzt werden können.

Virtual Reality in der Psychotherapie

Im Metaverse können VR-Therapien angeboten werden, die Patienten dabei helfen, mit Angstzuständen, Depressionen oder Schmerzen umzugehen. So können Patienten beispielsweise während der Therapie eine VR-Brille tragen und in eine von einem Therapeuten gestaltete virtuelle Umgebung eintauchen. In dieser sicheren und kontrollierten Umgebung werden spezifische Übungen oder Aktivitäten durchgeführt, um die Symptome des Patienten zu verbessern. Dies wird bei der Bekämpfung der Posttraumatischen Belastungsstörung (PTBS) und Höhenangst bereits praktiziert.

Bei einer anderen Methode taucht der Patient in eine virtuelle Umgebung ein, die als »Entspannungsinsel« gestaltet ist. Der Patient kann darin verschiedene Entspannungstechniken lernen, wie zum Beispiel progressive Muskelentspannung oder Atemübungen, um Stress und Angstzustände zu reduzieren. Diese neue immersive und als real empfundene Umgebung kann dazu beitragen, das Gehirn »neu zu verdrahten«.

Eine weitere Variante läuft unter »Sicherer Ort«. Hier betritt der Patient eine virtuelle Umgebung, die ruhig oder von entspannenden Klängen wie Meeresrauschen oder Vogelgezwitscher untermalt ist. Dies hilft bei der Behandlung von Angstzuständen oder Panikattacken.

Der Patient kann so lernen, wie man in stressigen Situationen ruhig bleibt und sich sicher fühlt.

Es gibt zahlreiche Möglichkeiten, wie Virtual-Reality-Therapien im Metaverse gestaltet werden können. Es hängt von den Symptomen und Bedürfnissen der Patienten ab, welche Therapieform am besten geeignet ist. Es ist wichtig zu beachten, dass VR-Therapien nicht in allen Fällen ein Ersatz für traditionelle Psychotherapie sind und immer in Kombination mit anderen Behandlungen eingesetzt werden sollten.

Arztbesuche im Metaverse

Zukünftig können Patienten im Metaverse mit Ärzten und anderen Gesundheitsdienstleistern kommunizieren, um sich beraten und behandeln zu lassen, ohne das Haus verlassen zu müssen.

Eine Möglichkeit der virtuellen Arztbesuche besteht darin, dass der Arzt und der Patient miteinander kommunizieren und sich mithilfe von Video- und Audioanrufen sehen und hören können. Der Arzt kann dem Patienten Anweisungen geben und ihn während der Untersuchung beobachten. Es wäre auch denkbar, dass der Arzt dem Patienten Tests oder Übungen zur Verfügung stellt, die dieser in der virtuellen Welt ausführen kann, um die Symptome oder den Gesundheitszustand durch den Arzt beurteilen zu lassen. Vor allem in Kombination mit Smartwatches wie der Apple Watch, die kontinuierlich Herzschlag, Blutsauerstoff sowie andere gesundheitsrelevante Funktionen überwacht, können Symptome frühzeitig erkannt und »echte« Arztbesuche reduziert werden.

Insgesamt gibt es viele Möglichkeiten, wie Online-Arztbesuche im Metaverse gestaltet werden können. Dabei ist es wichtig, dass sie für beide Seiten möglichst bequem sind und effektiv zur Heilung des Patienten beitragen.

Fitnesskurse im Metaverse

Im Metaverse werden bereits heute Online-Fitnesskurse angeboten, bei denen Nutzer aus der ganzen Welt an gemeinsamen Workouts teilnehmen können.

Diese virtuellen Fitnesskurse können auf unterschiedliche Weise gestaltet werden, je nach Art des Kurses und der verwendeten Technologie. Eine Möglichkeit wäre, dass sich der Trainer und die Teilnehmer im Metaverse treffen und mithilfe von Virtual-Reality-Brillen miteinander interagieren. Der Trainer wird hierzu eine avatargestützte 3D-Darstellung von sich selbst nutzen, die den Avataren der Teilnehmer Anweisungen gibt und sie während der Übungen beobachtet, um ihre Fortschritte zu verfolgen oder neue Übungen zu zeigen.

Rehabilitation im Metaverse

Im Metaverse können Rehabilitationsprogramme angeboten werden, die Patienten dabei helfen, nach Verletzungen oder Operationen wieder fit zu werden. Rehabilitation im Metaverse kann auf verschiedene Weise gestaltet werden und hängt von der Art der durchzuführenden Rehabilitation und der verwendeten Interaktions-Technologie ab.

Hier besteht, ähnlich wie bei den virtuellen Fitnesskursen, die Möglichkeit, dass der Rehabilitationstherapeut und der Patient sich im Metaverse begegnen und mithilfe von Virtual-Reality-Headsets miteinander interagieren. Der Therapeut kann dem Patienten in Form eines Avatars Anweisungen geben und ihn während der Übungen beobachten. Der Patient könnte dann gemeinsam mit dem Therapeuten in der virtuellen Welt üben.

Ähnlich wie bei den Fitnesskursen im Metaverse könnten auch die Begegnungen zwischen Therapeut und Patient über VR oder AR stattfinden. Der Therapeut kann dem Patienten so Anweisungen geben und ihn während der Übungen beobachten. Es wäre auch möglich, dass der Therapeut dem Patienten Übungen zur Verfügung stellt, die er zu Hause durchführt, die aber in der virtuellen Welt bewertet werden.

Die Rehabilitation im Metaverse kann auf diese Weise eine nützliche Ergänzung zu den traditionellen Rehabilitationstherapien sein.

Virtuelle Selbsthilfegruppen

Im Metaverse können virtuelle Selbsthilfegruppen eingerichtet werden, in denen Menschen mit ähnlichen Gesundheitsproblemen miteinander kommunizieren und sich gegenseitig unterstützen können. Sich bewusst zu werden, dass andere das gleiche Leiden oder Problem haben, ist im Metaverse besonders gut abbildbar. So können sich, ähnlich wie in der realen Welt, Menschen, die sich ihren Ängsten oder Süchten stellen, in der Gruppe treffen, sind dort jedoch durch ihre Avatare vertreten. Diese Abbildung der eigenen Person gibt vielen Menschen eine gewisse Anonymität und dadurch mehr Sicherheit und Vertrauen, die eigenen Probleme zu schildern.

Der virtuelle Raum, in dem sich diese Menschen treffen, kann geschützt werden, d. h., dass der Zugang nur auf Einladung möglich ist. Dadurch sind die Privatsphäre, der Identitätsschutz und die Sicherheit der Teilnehmer gewährleistet.

Handel, Retail, Commerce

In den letzten zehn Jahren verfolgen Händler zunehmend eine Omnichannel-Strategie, bei der sie gezielt auf eine Kombination aus Offline- und Online-Verkäufen setzen. Immer mehr Marken entdecken das Metaverse als neuen Verkaufskanal oder nutzen AR und VR, um ihren Kunden ein immersives, multimediales und fesselndes Produkt- und Dienstleistungserlebnis zu bieten, das die Grenzen zwischen physischen und digitalen Einkaufserlebnissen verwischt.

Hoher Preisdruck, persönlicher Service und der Aufbau von Kundenbeziehungen und -loyalität gehören zu den vielen Herausforderungen, denen sich der Einzelhandel in der realen Welt im heutigen hart umkämpften Markt stellen muss. Immer mehr Handelsmarken setzen daher auf das Metaverse, um ihr Einkaufserlebnis für Kunden zu optimieren und neue Zielgruppen zu erreichen.

Es gibt bereits mehrere Anwendungsfälle für den Handel, darunter:

Virtuelle Geschäfte

Händler können im Metaverse immersive digitale Einkaufserlebnisse schaffen, indem sie virtuelle Geschäfte eröffnen, in denen Kunden mit ihren Avataren Produkte interaktiv erleben, ausprobieren und kaufen können. Dies kann besonders für Einzelhändler sinnvoll sein, die eine größere und digital versierte Zielgruppe erreichen wollen. Zusätzliche Funktionen aus der realen Welt, wie Bonusprogramme oder Rabatte für treue Kunden, können auch in der digitalen Welt eingesetzt werden.

✓ **BEISPIEL**

Von Walmart über Coca-Cola bis hin zu Bored&Hungry, der Marke des Rappers Snoop Dogg, die aus der physischen Lizenzierung seiner Bored-Apes-NFTs hervorgegangen ist, haben bereits eine Reihe von Unternehmen eine virtuelle Präsenz im Metaverse aufgebaut. Das Unternehmen Nestlé hat im April 2021 seine erste virtuelle Welt »Nestlé World« gestartet. Sie bietet interaktive Erlebnisse und Spiele, die von Nestlé-Marken inspiriert sind, sowie die Möglichkeit, virtuelle Produkte zu kaufen.

Um eine virtuelle Erlebniswelt für ihre Markenwelten zu schaffen, haben sich Mars und Procter&Gamble zusammengetan. Die Erlebnisse werden über die Plattform »WaveXR« angeboten und umfassen interaktive Spiele, Quiz-Shows und andere Inhalte, die auf die Marken zugeschnitten sind.

Im Gegensatz hierzu hatte Unilever bereits im Oktober 2020 eine Präsenz im Metaverse nur für seine Marke »Dove« gestartet. Die Experiences beinhalten interaktive Informationen zur Marke, ein Gewinnspiel und eine Umfrage, die den Teilnehmern Incentives und die Möglichkeit verspricht, virtuelle Produkte zu kaufen.

Virtuelle Produkt-Präsentation

IKEA war eines der ersten Unternehmen, das seinen Kunden die Möglichkeit bot, Möbel und andere Einrichtungsgegenstände mithilfe von Augmented Reality in den eigenen Wohnraum zu projizieren. Auf diese Weise konnte und kann man bereits vor dem Kauf sehen, ob und wie das Möbelstück in die Wohnung passt.

Auch innerhalb der Amazon-App kann man über sein Smartphone oder Tablet bereits eine Vielzahl von Produkten im 360-Grad-Modus betrachten oder diese direkt im eigenen Raum anzeigen lassen, sodass man ein besseres Gefühl für das Produkt, seine Proportionen und Funktionalität bekommt.

Virtuelle Veranstaltungen und Erlebnisse

Innovative Hersteller und Marken veranstalten im Metaverse bereits heute virtuelle Events, wie Produkteinführungen und Fashion-Shows, bei denen die Zuschauer und Teilnehmer das Geschehen sehr viel intensiver und interaktiver erleben können als in der realen Welt.

Virtuelle Anprobe

Marken und Hersteller können Augmented- und Virtual-Reality-Technologien nutzen, um Kunden die Möglichkeit zu geben, Make-up, Kleidung, Schuhe sowie andere Accessoires virtuell anzuprobieren und so den Bedarf an physischen Anproben und Retouren zu reduzieren. Die in diesem Zusammenhang oft geäußerte Kritik am mangelnden Realismus virtueller Stoffe und Kleidung trifft immer weniger zu, da die Bewegung, der Fall und die Beschaffenheit virtueller Textilien inzwischen sehr realistisch nachgebildet werden können. In Zukunft wird es sogar möglich sein, das haptische Erlebnis mit speziellen Handschuhen zu simulieren.

Kooperationen

Partnerschaften sind im Metaverse ein bewährtes Mittel, um Zielgruppen zu vereinen oder gemeinsam begehrenswerte Kollektionen zu veröffentlichen. Dabei sind es entweder gut zueinander passende Unternehmen aus derselben Branche oder genau das Gegenteil. Im letzteren Fall geht man bewusst mit einem Partner eine Kooperation ein, die auf den ersten Blick irrational wirkt, aber dadurch umso mehr Begehrlichkeiten weckt. Auch das Marketing und die PR-Arbeit für eine solche Kooperation genießt häufig mehr Aufmerksamkeit, da sie eben unüblich erscheint.

✔ **BEISPIELE**

Nike

Ende 2021 übernahm Nike das NFT-Studio RTFKT (sprich: Artefact) – eine der führenden Marken im Bereich Sneaker-NFTs und digitaler Sammlerstücke. Es ist das Entwicklungsstudio hinter der erfolgreichen NFT-Kollektion »Clone X«. Die Übernahme durch Nike war ein wichtiger Schritt für die digitale Zukunft und Innovationskraft der bekannten Schuhmarke. So schrieb John Donahoe, Präsident und CEO von Nike, Inc:»Diese Übernahme ist ein weiterer Schritt, der die digitale Transformation von Nike beschleunigt und es uns ermöglicht, Athleten und Kreative an der Schnittstelle von Sport, Kreativität, Gaming und Kultur zu bedienen.«[36]

Bereits im Oktober 2021 hat Nike mehrere neue Markenanmeldungen eingereicht, die auf eine baldige Markteinführung von digitalen Produkten für das Metaverse hindeuten.

Die Kreationen der neuen RTFKT-Kooperation reichen von fantasievollen neuen virtuellen Turnschuhen bis hin zu sogenannten Skins, welche die virtuellen Turnschuhe mit Funktionen oder Farbwechseln aufwerten. Die einzelnen Kollektionen sind streng limitiert, was die Nachfrage stark antreibt.

Selfridges

Das ehrwürdige britische Kaufhaus Selfridges hat sich mit Charli Cohen, dem Hersteller von NEXTWEAR, zusammengetan, der limitierte Mode-Kollektionen herstellt. Die Marke kreiert zusätzlich auch digitale Versionen ihrer Waren, sogenannte Digital Twins, für Spiele und das Metaverse. Gemeinsam mit Selfridges und Yahoo RYOT Lab wurde eine virtuelle Stadt geschaffen, um 25 Jahre Pokémon zu feiern. Dort konnten Besucher sowohl digitale als auch physische Produkte dieser Marke kaufen, darunter vier digitale Kleidungsstücke, die sie mit einer sogenannten Snapchat-Lens, einem AR-Filter, in der realen Welt tragen können.

Zara

Im Rahmen ihrer Partnerschaft mit dem südkoreanischen Label »Ader Error« ist die Fast-Fashion-Marke Zara bereits Ende 2021 in das Metaverse von Zepeto eingetreten. Damit stellt Zara die Generation Z in den Mittelpunkt seiner Strategie. Das Ergebnis der Zusammenarbeit war die progressive Damen- und Herrenkollektion »AZ«, die sowohl in der physischen Welt als auch im virtuellen Metaverse für Avatare erhältlich ist, jedoch zu unterschiedlichen Preisen. Der höhere Preis ist dabei für das Produkt der virtuellen Welt zu bezahlen.

Das Logo von Ader Error wurde in der Kooperation mit Zara ebenso verwendet wie der typische Blauton dieser südkoreanischen Marke, die normalerweise bei exklusiven Adressen wie Mr Porter, Antonioli in Mailand oder LN-CC in London zu finden ist. Das Produktportfolio für die reale wie auch für die virtuelle Welt umfasst Oberbekleidung, Strickwaren und Konfektionsware sowie Accessoires wie Mützen und Schals.

Der Aufwand, solche Partnerschaften aufzubauen und sich dafür zielgruppenspezifische Strategien und Produkte bzw. ganze Kollektionen auszudenken, ist zwar hoch, aber auch sehr lukrativ: 2021 wurden allein in Deutschland über 4 Milliarden Euro für In-Game-Käufe ausgegeben, inklusive virtueller Avatare und digitaler Outfits (sogenannte

Skins).[37] Das ist eine sehr beindruckende Summe, vor allem wenn man bedenkt, dass die Zukunft aufgrund eines größer werdenden Publikums spannende Zuwächse bringen wird.

Neue Geschäftsstrategien

Die steigende Begeisterung für das Metaverse wird Investitionen aus der Einzelhandelsindustrie in diesem Bereich nach sich ziehen und die Entwicklung weiter vorantreiben. Um das Metaverse als vollwertigen Umsatzkanal zu etablieren, bedarf es jedoch nicht nur der finanziellen Mittel, sondern auch einer Strategie, die auf die Bedürfnisse und Rahmenbedingungen der Konsumgüterindustrie zugeschnitten sein muss.

Es wurden bereits einige solcher neuen Geschäftsstrategien entwickelt.

 **BEISPIEL**

Flyfish Club, NYC

Der Flyfish Club ist eines der wenigen Restaurants, die nur Gäste mit bestimmten zugangsorientierten NFTs akzeptieren. Die Strategie besteht darin, die Stammkundschaft zu erweitern und sie mit immer neuen kulinarischen Kooperationen bei Laune zu halten.

Es gibt noch zahlreiche andere Beispiele für immersives Marketing im Metaverse, das sich die Vorteile von VR, AR und Web3-Technologien zunutze macht, um hochgradig individuelle Erfahrungen anzubieten.

Das Metaverse bietet noch weit mehr Anwendungsmöglichkeiten als nur die Interaktion mit dem Verbraucher. Es kann dazu genutzt werden, die Produktivität zu steigern und die Zufriedenheit und das Wohlbefinden der Mitarbeiter zu verbessern.

So nutzt **Unilever** beispielsweise digitale Zwillinge, um ein Abbild seiner Produktionsanlagen zu erstellen. **Volvo** hat eine virtuelle Umgebung als digitalen Fahrsimulator für ethnografische Untersuchungen entwickelt. Und **Accenture** hat mit seinem Nth-floor im One Accenture Park eine zentrale Mitarbeiterplattform geschaffen, in der vom neuen Mitarbeiter-Onboarding bis zu Ansprachen der Geschäftsführung komplette HR-Prozesse in virtueller Form abgebildet werden.

Das gesamtheitliche Zusammenspiel all dieser Aktivitäten ist die große, authentische Chance des Metaverse und der immersiven Anwendungen. Nichts ist unmöglich, und die zielgruppenspezifische Ansprache ist der aus der realen Welt deutlich überlegen. Bei so vielen Optionen sollten sich Marken und Händler weniger mit der Frage beschäftigen, ob sie im Metaverse verkaufen sollten oder nicht, sondern eher damit, welche Strategie sie nutzen wollen, um ihrem Umsatz in der realen Welt einen weiteren Umsatzkanal hinzuzufügen.

Als sich das Fernsehen in den 1950er-Jahren verbreitete, mussten die Unternehmen ihre Marketingstrategien anpassen, um Kunden zu erreichen, die ihren Lebensstil an der Programmgestaltung ausgerichtet hatten.

In den 1980er-Jahren, als das Bloomberg-Terminal zu einem wichtigen Instrument für die Finanzwelt wurde, stellten Banken und Vermögensverwalter ihre Taktik um, um die Zugänglichkeit zu den bis dahin nicht verfügbaren Finanzinformationen zu betonen.

In den 2000er-Jahren ergänzten Unternehmen ihre Strategien zunehmend auf eine Internet-affine Zielgruppe und wenig später auf Smartphone-Nutzer. Erst recht geschah dies, als sich in den frühen 2010er-Jahren intelligente Apps durchsetzten.

Das Metaverse hat das Ziel, unsere digitale und virtuelle Präsenz zu erweitern. Daher sollten Unternehmen ihre Einsatzmöglichkeiten und Maßnahmen für immersive 3D-Anwendungen genau prüfen und die

Nutzung von Web3- und Metaverse-Technologien zu ihren wichtigsten strategischen Zielen hinzufügen.

Unternehmen müssen sich aktiv mit dem Metaverse auseinandersetzen und sich an seine Technologien, das Verhalten der Nutzer und die schnellen Innovationszyklen anpassen, um erfolgreich davon profitieren zu können. Der Versuch eines Unternehmens, z. B. mithilfe von NFTs neue Märkte zu erschließen, kann nicht erfolgreich sein, wenn es nicht über das erforderliche Know-how verfügt.

Der Verkauf digitaler Produkte im Metaverse kann ohne solide Daten, die Rückschlüsse auf die Präferenzen der Verbraucher zeigen, nicht erfolgreich sein. Obwohl die Konzepte von sauberen Datenpools, cloudfähigen Funktionen und Regeln für digitale Partnerschaften nicht neu sind, sind sie für den Erfolg einer Metaverse-basierten Strategie unerlässlich.

Es ist unklar, wohin uns das Metaverse in Zukunft führen wird. Aber es ist sicher, dass die Entwicklungen bereits begonnen haben und so rasant fortschreiten, dass sie nicht mehr gestoppt oder rückgängig gemacht werden können. Es ist wichtig, sich hier und heute aktiv darauf vorzubereiten und mitzuhalten, um von den Veränderungen zu profitieren und erfolgreich zu sein.

Zukunftsszenarien für den Einzelhandel im Metaverse

Für gut vorbereitete Einzelhändler bietet das Metaverse ein sehr großes Potenzial. Jetzt ist es wichtig, dass Entscheider das Potenzial erkennen und aktiv nutzen.

Folgende drei Zukunftsszenarien sind wichtig zu verstehen:

- vollständige Immersion
- isolierte Nutzergruppe
- realer Fortschritt durch das Metaverse

Alle drei Zukunftsszenarien sind denkbar, aber am wahrscheinlichsten ist eine Mischform, bei der die einzelnen Aspekte gemeinsam in den Vordergrund treten.

Vollständige Immersion

Das erste Szenario geht davon aus, dass das Metaverse sich sofort ausbreitet und zu einer »Massenanwendung« wird, bei der die Mehrheit der Menschen ihre Tage (und Nächte) mit Interaktionen verbringt, die durch das Metaverse ermöglicht werden. Mit dem anhaltenden Wettlauf um die Entwicklung und Nutzung physischer Geräte, die ein neues Fenster zur digitalen Welt öffnen, werden AR und VR zu einer Lebensweise. Es entsteht ein völlig neues Ökosystem mit integrierten Zweitmärkten, die mit den bereits existierenden Angeboten der realen Welt konkurrieren.

Man stelle sich vor, man wacht morgens auf, setzt seine AR-Brille auf und es erscheint ein Hologramm, das einem den personalisierten Nachrichten-Feed und eine Liste der wichtigsten Aufgaben des Tages präsentiert – quasi ein persönlicher virtueller Assistent und Wegbegleiter durch den Tag. Danach fährt man auf einem Ergometer bzw. Trimmrad, während man in die virtuelle Realität eintaucht – Fahrtwind inklusive (der kommt dabei aus einem herkömmlichen Ventilator). Als Nächstes kann man einen ganzen Tag lang als Computer-Avatar arbeiten und braucht dafür noch nicht einmal die Arbeitskleidung anzulegen. Für einen perfekten Tagesabschluss besucht man dann noch eine virtuelle Aufführung – natürlich in der ersten Reihe.

Viele Menschen werden ihre gesamten Arbeits- und sogar arbeitsfreien Tage im Metaverse verbringen und machen dabei nur kurze Pausen für ihre grundlegendsten Bedürfnisse (z. B. Essen, Schlafen usw.). Für diese Vorhersage muss man kein Prophet sein, man kann dies bereits heute am Verhalten vieler Gamer beobachten.

Isolierte Nutzergruppe

Das zweite Szenario geht davon aus, dass vorerst nur eine spezielle Gruppe, die Early Adopters, so viel Zeit wie möglich im Metaverse und mit dessen Technologie verbringen wollen.

Sie investieren nicht nur ihre Zeit, sondern auch ihr Geld und ihren Intellekt in das Metaverse. Diese Nutzergruppe wird sich das Metaverse in nächster Zukunft überwiegend zu eigen machen, mit sporadischer Beteiligung der breiteren Öffentlichkeit. Diese kleine Gruppe verfügt über genügend Kaufkraft, um die Aufmerksamkeit der Retail-

Unternehmen auf sich zu ziehen. Darüber hinaus weist sie besondere Merkmale auf, die gezielt genutzt werden können. Insbesondere ist dies die Vorliebe für soziale Interaktion unter ihresgleichen und die Affinität für neue Technologien, was den Einzelhändlern im Metaverse helfen kann, die Kunden mit neuen Angeboten effektiv anzusprechen.

Es entsteht eine neue, wenn auch vorerst kleine Kundenkategorie mit typischen First-Mover-Eigenschaften. Trotzdem oder gerade deswegen sollten sich Unternehmen auch dann für eine aktive Beteiligung am Metaverse entscheiden, denn es wird in absehbarer Zeit eine Mainstream-Käuferschicht geben und diese wird rasch anwachsen.

Realer Fortschritt durch das Metaverse

Das dritte Zukunftsszenario zeigt, dass dem Metaverse schon zu Beginn einige Entwicklungen aus der Spitzentechnologie wie künstliche Intelligenz hinzugefügt werden. Diese digitalen Technologien werden also zunächst in virtuellen Welten eingesetzt, um erst im Anschluss in der realen Welt Einzug zu halten. Letztlich sollen die täglichen Aktivitäten der Menschen in der realen Welt durch das Metaverse unterstützt und verbessert werden.

Man denke dabei nur an den unfassbar schnellen und fortgeschrittenen Aufstieg der generativen künstlichen Intelligenzen, wie ChatGPT oder Midjourney. Diese radikalen Verbesserungen, insbesondere im Bereich der KI, werden den gemeinschaftlichen Nutzen steigern (z. B. ein virtueller Berater oder Sprachassistent wie Siri oder Alexa als Alltagshelfer in öffentlichen Verkehrsmitteln). In anderen Fällen wird der Nutzen eher dem Individuum zugutekommen (z. B. Fortschritte in der Telemedizin).

Da sich das Kaufverhalten der Nutzer auf die virtuelle Welt ausweitet, werden zusätzliche neue Vertriebskanäle entstehen, die den heutigen E-Commerce ergänzen und sich ebenfalls auf das traditionelle Geschäft auswirken.

HR und New Work

»HR« (Human Resources), also das Personalwesen, ist als Teil der Organisationsstruktur eines Unternehmens seit langer Zeit bekannt. Im Gegensatz dazu muss das Konzept von »New Work« oft noch erklärt werden. Unter »New Work« versteht man eine neue Art der Arbeit. Es geht um die Schaffung von Umgebungen und Arbeitsplätzen, die flexibel und produktiv sind und den Menschen in den Mittelpunkt stellen. New Work orientiert sich an den Bedürfnissen und Fähigkeiten der Mitarbeiter. Ziel ist es, den Mitarbeitern eine Arbeitsumgebung zu bieten, in der sie ihr volles Potenzial entfalten können.

Für HR und New Work gibt es einige Beispiele. Die meisten davon liegen, spätestens seit der Pandemie, auf der Hand.

Digitales Onboarding

An ihrem ersten Arbeitstag werden neue Mitarbeiter in der Regel persönlich begrüßt und zu ihrem neuen Arbeitsplatz begleitet. Aber wenn wir ehrlich sind, dann sind nur wenige Unternehmen wirklich auf die Neuankömmlinge vorbereitet. Das liegt meist an persönlichen Versäumnissen der Verantwortlichen oder an der Menge an Arbeit, die sie zu erledigen haben. So müssen E-Mail-Adressen freigeschaltet, der Arbeitsplatz eingerichtet und organisatorische Dinge wie der Mitarbeiterausweis organisiert werden. Digital sind diese Aktivitäten durch Automatismen effizienter und verlässlicher durchzuführen.

Da immer mehr Stellen als Remote-Jobs ausgeschrieben werden, müssen viele dieser Einstellungsgespräche heutzutage digital und aus der Ferne geführt werden. Oftmals muss die Unternehmens- oder Werksbesichtigung während des Onboardings auch digital oder virtuell stattfinden und die notwendigen Anweisungen müssen auf die gleiche rechtskonforme Weise erfolgen.

Neue Mitarbeiter können von zu Hause aus willkommen geheißen werden, indem sie sich mit dem Kollegen aus HR im Metaverse treffen und dort die notwendigen ersten Schritte erklärt bekommen.

VR-Schulungen und -Seminare

HR-Teams können VR-Schulungen und -Seminare anbieten, um Mitarbeiter auf verschiedene Themen vorzubereiten. Diese Schulungen können interaktiv und immersiv sein und Mitarbeitern die Möglichkeit geben, neue Fähigkeiten in einer sicheren, virtuellen Umgebung zu erlernen. Wenn es sich um ein Remote-Team handelt, kann sich diese neue Gruppe dann auch im Metaverse treffen und gemeinsam an Weiterbildungsmaßnahmen teilnehmen.

Online-Meetings und -Konferenzen

Im Metaverse können HR-Mitarbeiter virtuelle Meetings und Konferenzen abhalten, um Mitarbeiter aus der ganzen Welt zusammenzubringen. Diese Meetings können in Echtzeit oder als Aufzeichnungen durchgeführt werden und bieten Möglichkeiten für das Netzwerken, berufsbezogene Diskussionen und den Austausch von Ideen. Unternehmen mit virtuellen Präsenzen im Metaverse nutzen diese bereits heute, um sowohl lokale als auch globale Mitarbeiterversammlungen abzuhalten.

Virtuelles Recruiting

HR-Teams können im Metaverse virtuelle Karrieremessen und Jobinterviews abhalten, um potenzielle Mitarbeiter zu finden und zu rekrutieren. Diese Veranstaltungen bieten die Möglichkeit, sich von Angesicht zu Angesicht mit Kandidaten zu unterhalten und ihre Fähigkeiten in Echtzeit zu beurteilen.

✔ **BEISPIEL**

Bundeswehr

Die Bundeswehr hat bereits eine eigene Rekrutierungspräsenz in Decentraland aufgebaut. In Videos werden dort die Aufgaben von Rekruten gezeigt. Anschließend kann man mithilfe seines Avatars Aufgaben erfüllen, um sich für bestimmte Positionen zu qualifizieren und sich dann für diese zu bewerben. ▶▶

Für Avatare gibt es verschiedene digitale T-Shirts, die modisch und teilweise limitiert zu echten Must-have-Objekten wurden.

Virtuelles Teambuilding

Im Metaverse können HR-Teams virtuelle Teambuilding-Aktivitäten für ihre Kollegen organisieren, um die Zusammenarbeit und den Zusammenhalt der Mitarbeiter zu fördern. Diese Aktivitäten können spaßig und interaktiv sein und helfen, die Kommunikation und das Vertrauen innerhalb des Teams zu verbessern. Der Ausgestaltung und Kreativität der Aufgaben sind dabei keine Grenzen gesetzt, denn die meisten Beschränkungen der realen Welt sind im Metaverse nicht existent.

Virtueller Arbeitsplatz

Um von überall aus arbeiten zu können, können HR-Teams im Metaverse virtuelle Arbeitsplätze einrichten. Diese können mit verschiedenen Werkzeugen und Anwendungen ausgestattet sein, um Mitarbeiter in ihrer jeweiligen Arbeit zu unterstützen. Insbesondere Mixed-Reality-Brillen wie die Quest Pro spielen hier eine immer wichtigere Rolle.

✔ BEISPIEL

Accenture

All diese Anwendungsfälle sind keineswegs Zukunftsmusik, sondern werden bereits heute von Accenture aktiv genutzt. In enger Zusammenarbeit mit Microsoft begann Accenture bereits vor der Pandemie mit dem Aufbau eines virtuellen Campus namens »Nth Floor«, auf dem sich die Mitarbeiter treffen und an Firmen-Events teilnehmen konnten. Kurz nach Ausbruch der Pandemie begann Accenture damit, diese Funktionen für das Onboarding neuer Mitarbeiter auszubauen. Diese Funktionen wurden dann erweitert, um den Lern- und Kollaborationsbedarf innerhalb des Unternehmens zu decken. ►►

Bashar Kilani, Managing Director bei Accenture in Dubai und großer Befürworter von neuen Technologien, sagte: »Zuerst wurden für unsere Teams metaphorische interaktive Erfahrungen gebaut, wie das ›Erklimmen‹ eines Führungsbergs oder der Besuch des Kompetenzbrunnens, um Kompetenzmünzen zu ›sammeln‹. Das Erlebnis One Accenture Park wurde dann auf Kundentermine, interne Meetings und Mitarbeiterversammlungen ausgeweitet – zusätzlich zu Gegebenheiten, die für die Arbeitskräfte der Zukunft in einer Reihe von digitalen Zwillingen der Accenture-Büros auf der ganzen Welt gelten. Das Metaverse prägt eindeutig die Art und Weise, wie wir arbeiten.«[38]

Das Corporate-Metaverse von Accenture, der Nth Floor, bezieht sich auf die virtuellen Umgebungen, die geschaffen wurden, um die Mitarbeiter von Accenture zusammenzubringen, damit sie sich treffen, zusammenarbeiten, lernen und lachen können. Das Metaverse ist eine vielseitige, skalierbare Lösung, um geografisch verteilte Mitarbeiter zusammenzubringen, sei es für Besprechungen oder zum geselligen Beisammensein.

Darüber hinaus hat Accenture akkurate digitale Zwillinge vieler seiner physischen Niederlassungen geschaffen, von Bangalore in Indien über Madrid in Spanien bis hin zu San Francisco in den USA, um seinen Mitarbeitern vertraute Umgebungen für Meetings, Zusammenarbeit und Networking zu bieten. Innerhalb des Nth Floor hilft ein virtueller Campus namens »One Accenture Park« neuen Mitarbeitern, sich persönlich mit der Kultur vertraut zu machen, sich in angenehmer Atmosphäre umzusehen und den Grundstein für berufliche Beziehungen zu legen. Diese Art von immersiver Erfahrung ermöglicht es neuen Mitarbeitern, die Orientierungsphase – selbst in einer virtuellen Welt – auf eine sehr persönliche Weise zu erleben und dabei mit vielen neuen Kollegen in Kontakt zu kommen.

Diese neue, digital vorgelebte Herangehensweise des Unternehmens führte dazu, dass allein im Jahr 2022 etwas mehr als 150.000 neue Mitarbeiter an ihrem ersten Tag bei Accenture im Metaverse begonnen haben zu arbeiten.

Nutzung von Marketing- und Werbemöglichkeiten

Im Metaverse gibt es zahlreiche Möglichkeiten, um auf sich und seine Dienste aufmerksam zu machen. Auch IT-Unternehmen können beispielsweise Werbekampagnen in der virtuellen Welt schalten oder sich im Metaverse präsentieren, um potenzielle Kunden anzusprechen.

Konsumgüterindustrie

Unternehmen der Konsumgüterindustrie, wie Lebensmittel- und Getränkehersteller, haben bereits begonnen, das Metaverse für sich zu entdecken. Einige mögliche Anwendungsfälle sind:

VR-Erlebnisse in realen Supermärkten

»VR-Inseln« in stationären Supermärkten ermöglichen es Kunden, Produkte auf eine immersive und interaktive Art und Weise zu erleben und zu testen, bevor sie sie kaufen. Dies kann dazu beitragen, die Markenloyalität zu stärken, Produkte abzusetzen und den Umsatz zu erhöhen. Produktvorteile können von Kunden so leichter erkannt werden. Zusätzlich zu den oben genannten virtuell-zu-realen Umgebungen gibt es auch den umgekehrten Fall, nämlich die Errichtung von Verkaufsstellen oder Pop-up-Shops im Metaverse, also real-zu-virtuell, sowie auch virtuell-zu-virtuell. So können Produkte temporär mit Verknappung verkauft werden, um die Markenbekanntheit zu erhöhen.

VR-Schulungen und Weiterbildungen für Mitarbeiter

Diese Schulungen informieren Mitarbeiter auf eine sichere und kontrollierte Art und Weise über neue Produkte oder bestimmte Prozesse und helfen ihnen dabei, ihre Fähigkeiten zu verbessern. So kann beispielsweise das Bewusstsein der Mitarbeiter auf anschauliche Weise geschärft werden, warum es wichtig ist, die Kühlkette aufrechtzuerhalten, und wie dies am besten sichergestellt werden kann.

Produktentwicklung und Produktdesign

In der Produktentwicklung und im Produktdesign kann Virtual Reality eine wertvolle Ressource sein. Mit VR können Unternehmen neue Produkte und Verpackungen in einer realistischen Umgebung testen, bevor sie produziert werden. Dies ermöglicht es ihnen, frühzeitig Änderungen vorzunehmen und ihre Produkte optimal zu gestalten. Auch die Durchführung von Marktforschung wird vereinfacht, da Verbraucher mithilfe von VR eine realistische Vorstellung von den Produkten erhalten und ihr Feedback direkt eingeholt werden kann.

Marketing und Werbung

Im Marketing und der Werbung bietet das Metaverse viele neue Möglichkeiten, um Kunden zu erreichen und zu begeistern. Konsumgüterunternehmen werden es nutzen, um zielgruppenspezifische Werbung zu schalten, indem sie auf die Interessen und Verhaltensweisen ihrer Zielgruppe eingehen. Ein weiteres Anwendungsgebiet ist das Angebot von immersiven und interaktiven Erlebnissen, die Kunden enger an die Marke binden und das Markenimage stärken. Beispiele hierfür sind virtuelle Produktpräsentationen, erlebnisorientierte Verkaufsräume oder digitale Event-Erlebnisse. Die Verwendung von VR und AR in der Marketing- und Werbungsbranche eröffnet eine Vielzahl an innovativen Möglichkeiten, um Kunden zu erreichen und zu begeistern.

✔ **BEISPIEL**

Coca-Cola

Im Sommer 2022 hatte die Kultmarke in Zusammenarbeit mit dem Digitaldesigner »Tafi« ihre erste NFT-Sammlung entworfen. Die Sammlerstücke wurden zur Feier des Internationalen Tages der Freundschaft entworfen und bestanden aus einer Lootbox (Überraschungstüte) auf OpenSea, einer der größten Handelsplattformen für digitale Assets. Die vier NFTs, die in der Lootbox enthalten waren, wurden innerhalb von 72 Stunden versteigert und enthielten multisensorische virtuelle Kleidung ▶▶

für Avatare, die man in Decentraland nutzen konnte. Das NFT sah dabei aus wie eine futuristische Version des klassischen Cola-Automaten und enthielt vier Einzelstücke von Coca-Cola-Markenartikeln wie das Bubble Jacket Wearable sowie eine stark nachgefragte Jacke für Avatare. Der Wert aus der Versteigerung der gesamten Lootbox betrug am Ende über 575.000 US-Dollar und wurde an die Stiftung »Special Olympics International« gespendet. Anschließend wurden die vier NFTs an den Sekundärmarkt gegeben, wo das Vierer-Paket in Einzelteile aufgeteilt weiterverkauft wurde. (Der Sekundärmarkt ist ein Wiederverkaufsmarkt nach dem ursprünglichen Verkauf.) Diese brachten dort – zusammengerechnet – einen wesentlich höheren Wert als bei der ursprünglichen Versteigerung ein. Mehr finden Sie unter *https://maketafi.com/coca-cola-nft*.

✔ **BEISPIEL**

Starbucks

Das im Herbst 2022 gestartete »Starbucks Odyssey«-Erlebnis bietet Mitgliedern der Kaffeekette die Möglichkeit, ihre digitale Stempelkarte mit NFTs zu füllen. Durch Sammeln und ebenso über den Kauf dieser Token lässt sich der Zugang zu neuen, innovativen Kaffee-Erlebnissen freischalten.

Als eines der ersten Unternehmen, das NFTs in ein branchenführendes Kundenbindungsprogramm in großem Umfang integriert, hat Starbucks begonnen, eine offene Web3-Community zu schaffen, die neue Möglichkeiten zur Interaktion mit Mitgliedern und sogar mit bestimmten Mitarbeitern bietet.

»Starbucks Odyssey« wird als Erweiterung des »Starbucks Rewards«-Programms gesehen, auf das Mitglieder mit ihren bereits existierenden »Starbucks Rewards«-Anmeldedaten zugreifen können. Sobald sie eingeloggt sind, können sie an der Starbucks Odyssey Journey teilnehmen, indem sie eine Reihe von Aktivitäten absolvieren (wie z. B. interaktive Spiele spielen ▶▶

oder sich spannenden Herausforderungen stellen, um ihr Wissen über Kaffee und Starbucks zu vertiefen). Die Mitglieder werden für den Abschluss der Stationen auf der Reise mit einem digitalen »Reise-Stempel« (NFT) belohnt, den sie sammeln können. Mitglieder können über den integrierten Marktplatz innerhalb der »Starbucks Odyssey«-App und zukünftig auch im eigenen Starbucks-Metaverse begrenzte Stempel als NFTs erwerben. Der Kauf erfolgt direkt mit einer Kreditkarte ohne die Notwendigkeit einer Kryptowährung oder Wallet, was das »Starbucks Odyssey«-Erlebnis für alle Mitglieder unterhaltsam und einfach macht. Es ist somit auch für ein breites Publikum ohne technische Affinität zugänglich, wodurch die Anzahl der Teilnehmer, die ihre Loyalität zu Starbucks pflegen möchten, gesteigert wird.

Jeder digitale Sammelstempel enthält einen auf seiner Seltenheit basierenden Punktwert. Dieser Wert bzw. das zugehörige NFT ist als Eigentum des Mitglieds auf der Blockchain gesichert. Durch das Sammeln dieser digitalen Stempel erhöhen sich die Punkte der Mitglieder und ermöglichen den Zugang zu einzigartigen Vorteilen und Erlebnissen, die exklusiv dieser Community offeriert werden. Diese Erlebnisse können von einem virtuellen Espresso-Martini-Kurs über den Zugang zu einzigartigen realen Waren und Künstlerkooperationen bis hin zu Einladungen zu exklusiven Veranstaltungen in Starbucks Reserve Roasteries oder sogar Reisen zur Starbucks Hacienda Alsacia Kaffeefarm in Costa Rica reichen.

Auf allen NFTs werden ikonische Starbucks-Kunstwerke abgebildet sein, die in Zusammenarbeit mit Starbucks-Partnern und externen Künstlern entstanden sind – so erhalten Mitglieder und Partner zum ersten Mal Zugang zu diesen wertvollen Gegenständen. Darüber hinaus wird ein Teil des Erlöses aus dem Verkauf zur Unterstützung von Projekten gespendet, die Starbucks-Partnern und Starbucks-Rewards-Mitgliedern wichtig sind.

Marketing und Werbung

Das Metaverse wird die Art und Weise, wie wir Marken und Produkte wahrnehmen, erleben und mit ihnen interagieren, grundlegend verändern. Es bietet viele neue spannende Möglichkeiten für immersive und kreative Werbung.

Im Folgenden werden verschiedene Ansätze untersucht, wie Werbung im Metaverse sowohl für Unternehmen als auch für Nutzer sinnvoll und effektiv eingesetzt werden kann. Anhand von Beispielen aus der Praxis wird das Potenzial von Marketing-Anwendungsfällen bewertet.

Die 4P des Marketings

Marketing ist der Prozess der Werbung und des Verkaufs von Waren oder Dienstleistungen. Es umfasst die vier »P« des Marketing: Preisgestaltung, Produkt, Promotion (Werbung) und Place (Standort).

Im Metaverse können Marketing und Werbung neue Chancen und Absatzmöglichkeiten eröffnen. Die Beachtung der vier P des Marketing-Mix ist auch im Metaverse von entscheidender Bedeutung.

- **Produkt**: Das Produkt oder die Dienstleistung muss ein Bedürfnis oder einen Wunsch des Kunden erfüllen,
- **Preis**: Der Preis eines Produkts sollte den Erwartungen der Verbraucher entsprechen und weder zu hoch noch zu niedrig sein.
- **Promotion**: Damit die Öffentlichkeit nachvollziehen kann, wie das Produkt ihren Bedürfnissen oder Wünschen entspricht, muss sie über das Produkt und seine Eigenschaften informiert werden.
- **Place**: Die Platzierung des Produkts im Geschäft ist entscheidend für die Maximierung des Absatzes.

Die Entwicklung des Internets und des Marketings sind eng miteinander verbunden und beeinflussen sich gegenseitig. Das Internet hat eine riesige Plattform für das Marketing geschaffen, indem es Unternehmen die Möglichkeit gibt, ihre Produkte und Dienstleistungen auf einer globalen Bühne zu bewerben. Zugleich hat das Marketing die Art und Weise verändert, wie Unternehmen das Internet nutzen, indem es ihnen geholfen hat, ihre Online-Präsenz zu stärken und ihre

Zielgruppe direkt anzusprechen. Die ständigen Veränderungen im Internet und im Marketing führen dazu, dass sich beide Bereiche ständig weiterentwickeln und aufeinander reagieren. Dies führt zu immer neuen Möglichkeiten, um erfolgreich zu sein und die Bedürfnisse der Verbraucher besser zu erfüllen.

»Im Web 1.0 wurden Websites von Unternehmen hauptsächlich dazu verwendet, Informationen und Kontaktdaten bereitzustellen. Im Web 2.0 begannen die Menschen, über soziale Medien miteinander zu interagieren. Unternehmen sammelten ihre Daten, um personalisierte Werbung zu platzieren. Jetzt, mit dem Aufkommen des Metaverse und des Web 3.0, bietet das Internet immersive und lebensechte Erfahrungen«, so Griffin LaFleur, Senior Marketing Operations Manager bei Swing Education und Experte für B2B-Marketing.[39]

Laut einer Studie des Beratungsunternehmens »Metaversed« verzeichnen die Plattformen, die das Metaverse Ende 2022 ausmachten, jeden Monat 400 Millionen aktive Nutzer (Monthly Active Users; MAU). Um mit diesen Menschen in Kontakt zu treten, müssen die Marken ihren Zielgruppen in das Metaverse bzw. in die passenden Plattformen folgen.[40]

Die Bedeutung des Metaverse für das Marketing

Um zu verstehen, wie das Metaverse den Marketing-Mix perfekt ergänzt, muss man verstehen, wie es sich auf das Marketing auswirken wird.

Das Metaverse bietet eine Vielzahl von Möglichkeiten, darunter:

- das Gefühl der tiefen Immersion
- das Erleben neuartiger Erfahrungen
- das Eintauchen in faszinierende Umgebungen
- das Entdecken virtueller Welten
- das Erlernen neuer Fähigkeiten
- die Interaktion mit Menschen und Avataren
- die Verbindung mit Gleichgesinnten
- den Aufbau von Beziehungen
- den Aufbau von wertvollen Communitys

- das Arbeiten in produktiver und kollaborativer Weise
- den Kauf und Verkauf von Waren
- die Vermarktung von Produkten und Services
- den Austausch von digitalen Gütern und Assets
- die Kreation neuer Inhalte
- das Reisen zu entfernten Orten
- das Entfalten neuer Kräfte
- das Lösen von Problemen
- die Inspiration anderer Menschen
- und noch sehr vieles mehr ...

Und dabei stehen wir erst am Anfang.

Werbung und Marketing im Metaverse werden aufgrund der Immersion, der Interaktion sowie der intensiven Erfahrungen völlig neue Möglichkeiten bieten. Sie werden in naher Zukunft die favorisierten Instrumente zur Erhöhung des Bekanntheitsgrades im digitalen Raum darstellen – egal ob es sich um Produkte, Dienstleistungen oder Marken handelt. So wird der Umsatz nach und nach enorm gesteigert.

Infolgedessen steigen der Absatz und demnach auch der Umsatz.

Die folgenden Merkmale des Metaverse zeigen, warum sich Werbung im Metaverse positiv auf die Geschäftsentwicklung auswirken kann.

Persistenter Betrieb

Das Metaverse ist, genau wie das Internet, in ständigem und permanentem Betrieb und bleibt bestehen, auch wenn Sie die Plattform verlassen.

Aktivitäten in Echtzeit

Die gewünschte Zielgruppe kann direkt über das Metaverse erreicht werden. Wenn die Werbung authentisch auf die Zielgruppe und die gerade erlebte Situation maßgeschneidert ist, kann die Interaktion eines Avatars mit dem beworbenen Produkt im besten Fall sofort und mit sofortigem Nutzen erfolgen. Werbung bekommt so einen Mehrwert, der in der realen Welt häufig nicht mehr gegeben ist.

Viel Raum für Werbung

Eines der auffälligsten Elemente im Metaverse ist die uneingeschränkte Freiheit. Die Nutzer können viele verschiedene virtuelle Umgebungen erkunden. Infolgedessen gibt es für Vermarkter im Metaverse mehr Raum für Werbung, der zusätzlich immersiver und fantasievoller genutzt werden kann.

Das wichtigste Ziel für Marketeers wird es sein, das Interesse der Metaverse-Nutzer auf die Marke zu lenken und es ihnen so einfach wie möglich zu machen, diese zu finden. Dies kann durch kreative, einzigartige und ansprechende Inhalte und Kampagnen erzielt werden. Die Metaverse-Adresse der Marke kann dabei in den Anzeigen platziert werden und der Avatar kann sich von seinem Standort direkt zu dieser Adresse »teleportieren«.

Creator Economy (nutzergenerierte Inhalte)

In virtuellen Welten gibt es viele Möglichkeiten, digitale Güter zu erstellen, zu kaufen und zu handeln. Um die aktive Beteiligung der Nutzer zu fördern und sie dafür zu belohnen, sollten Wege gefunden werden, sie zu honorieren.

Die sogenannten Creator können Erlebnisse und Informationen für andere Nutzer erstellen, während die Marketeers sich diese Fähigkeit und Kreationen zunutze machen, um die Reichweite ihrer Kampagnen zu erhöhen. Das stellt eine ganz neue Generation der Werbung dar.

Die strategische und präzise Aussteuerung der Werbung im Metaverse für verschiedene Zielgruppen wird umso wichtiger, je mehr alternative Werbeformen es gibt.

Möglichkeiten für Werbung im Metaverse

Im Metaverse haben Nutzer die Möglichkeit, Werbung direkt zu erleben und damit zu interagieren, was es zu einer attraktiven Werbeplattform macht. Es ist daher verständlich, dass viele Unternehmen sich die Frage stellen, ob und wie man im Metaverse werben kann.

Dabei geht es vor allem um die Auswirkungen der Werbung auf Umsatz und Bekanntheitsgrad. Theoretisch bietet das Metaverse viele

Vorteile für das Marketing. Daher sind Unternehmen bereits jetzt auf der Suche nach praktischen Tipps und Best Practices für Metaverse-Werbung und wie man damit beginnt. Hier sind einige Beispiele, wie Unternehmen im Metaverse werben können:

Virtuelle digitale Werbung

Digitale Werbung wird im Internet schon seit Jahrzehnten genutzt. So sind Banner-Werbungen für Produkte und Dienstleistungen in verschiedenen Ausprägungen auf Marktplätzen wie Amazon, Check24 und ähnlichen Produkt- und Vergleichsplattformen zu sehen. Auch Publikationen wie Tageszeitungen und Magazine nutzen diese Art der Werbung, um ihre Angebote zu finanzieren. In der Vergangenheit wurde Werbung manuell auf Websites gebucht, in der Regel von Medienagenturen. Heute geschieht dies zunehmend automatisch in einem Bieterverfahren, das als »Programmatic Advertising« bekannt ist.

✓ **BEISPIEL**

42Meta

Mit mehr als einem Jahrzehnt Erfahrung in dieser automatisierten Form der digitalen Werbung hat 42Meta das Programmatic Advertising auch in das Metaverse gebracht. Ihre Buchungsplattform war Anfang 2023 die einzige ihrer Art auf der Welt. Sie kann sowohl von Agenturen als auch von Marken direkt genutzt werden. Mit mehreren Tausend Werbeflächen in den verschiedenen Plattformen wie z. B. Decentraland, The Sandbox etc. bietet 42Meta die größte globale Reichweite für Werbung im Metaverse.

Auf den Werbeflächen, die in unterschiedlicher Form und Platzierung innerhalb der virtuellen Räume auf den Plattformen positioniert sind, werden interaktive Digitalerlebnisse gezeigt, mit denen der Avatar interagieren kann. Herkömmliche analytische Messungen finden hier Anwendung, aber auch neue Performance-Indikatoren wie die Art und Dauer der Interaktion sowie die spezifische Erfolgsmessung werden für die Werbetreibenden analysiert und ausgewertet. ►►

Zu den Werbetreibenden, die das System von 42Meta in unterschiedlicher Form bereits nutzen, gehören u. a. Coca-Cola, Heineken, die Bundeswehr, O2, SodaStream, Carrera Rennbahnen und auch Diesel Fragrances.

Product-Placement in der virtuellen Welt

Eine Vielzahl von Unternehmen, wie beispielsweise Disney, haben bereits eigene Avatare und Orte innerhalb virtueller Welten erstellt oder ihre Produkte und Dienstleistungen in Online-Spielen nachgebildet. Interessant dabei ist, dass sich diese Marken erfolgreich in die Spielumgebungen eingefügt haben, anstatt die Spielerfahrung zu beeinträchtigen. Die beiden beliebtesten Spiele für Marken-Implementationen sind derzeit Fortnite und Animal Crossing.

✔ BEISPIELE

Ein bekanntes Beispiel für Metaverse-Werbung ist **Verizon**. Das amerikanische Telco-Unternehmen hat es Nutzern im Jahr 2020 ermöglicht, mit virtuellen NFL-Spielern zu interagieren, indem es das Stadion des Super Bowl LV in Fortnite integriert hat.

In einem anderen Beispiel haben die Avatare von Animal Crossing realistischere Hauttypen bekommen, dank **Venus**, einer Marke von Procter & Gamble für Damenrasierer. Dies wird so auch ausdrücklich in den Markenbotschaften kommuniziert.

Ein weiteres bekanntes Unternehmen, das im Metaverse wirbt, ist der britische Konzern **Unilever**. Hellmann's Mayonnaise hat in Zusammenarbeit mit »Animal Crossing: New Horizon« eine eigene Insel gestaltet, um Menschen dazu zu inspirieren, übrig gebliebenes Essen zu nutzen und Bedürftigen zu helfen. Auf der virtuellen Insel können Spieler ihren virtuellen Lebensmittelabfall in echte nahrhafte Mahlzeiten für Bedürftige umwandeln. Für jede gespendete verdorbene Rübe auf der Insel spendet Hellmann's das finanzielle Äquivalent von zwei Mahlzeiten, die von FareShare, der größten Tafel im Vereinigten Königreich, verteilt werden.

Es liegt auf der Hand, dass Marketeers virtuelle Welten, Objekte und Charaktere aus dem Metaverse nutzen, um Werbung zu schaffen, die die Zielgruppe exakt anspricht: Hierzu können, wie man es bereits aus der klassischen und digitalen Werbung kennt, vorgegebene Werbeflächen genutzt werden. Zusätzlich dazu können zukünftig sogar ganze Spiellevel, Orte oder Erlebnisse exklusiv vermarket oder gesponsert werden.

Digitalangebote für Avatare

Das Metaverse ist ohne Avatare nicht denkbar, und viele Anwendungsfälle der Metaverse-Werbung werden sich darauf konzentrieren. Avatare sind dort allgegenwärtig. Sie dienen als digitales Gegenstück unserer realen Identität und stellen für Unternehmen eine adäquate Möglichkeit dar, die Sichtbarkeit der eigenen Marke zu erhöhen.

Unternehmen und ihre Marken können die Werbemöglichkeiten des Metaverse nutzen, indem sie virtuelle Nachbildungen von Produkten anbieten, die auch in der realen Welt beworben werden. Eines der ersten Unternehmen, das sich diesen Trend zunutze machte, war Gucci, das eine digitale Kollektion seiner bekannten Kleidung auf Roblox vorstellte. Gucci arbeitete dazu mit dem Avatar-Studio Zepeto zusammen und integrierte das SDK (Software Developer Kit) von Genies, einem anderen Avatar-Entwickler, in seine App.

Andere bekannte Luxusmarken, darunter Balenciaga und Louis Vuitton, produzieren digitale Assets zum Verkauf in der Roblox-Spielumgebung. Sie produzieren sogar ganze NFT-Kollektionen in limitierter Auflage und erstellen ihre eigenen Markenumgebungen im Spiel.

Die Tatsache, dass Luxuskonzerne in Erwägung ziehen, im Metaverse für potenzielle Kunden zu werben, ist sicherlich eine hilfreiche Antwort auf die Frage: »Kann man im Metaverse werben?« Folglich sollte die Erweiterung der Frage lauten: »Kann man durch Werbung im Metaverse mehr Umsatz generieren?« Die Antwort auf diese Frage ist möglich, weil die meisten der zuvor genannten Einschränkungen der realen Welt wegfallen.

Gucci

Im Jahr 2021 hat Gucci auf der Online-Spieleplattform Roblox die bereits erwähnte »Gucci Town« ins Leben gerufen, wo Nutzer Spiele spielen, miteinander chatten, neue virtuelle Freunde finden und ihre eigenen virtuellen Welten aufbauen können. Ein bemerkenswertes Detail dabei ist, dass der damals noch brandneue Gucci-Duft »Flora« einen eigenen Garten bekommen hat, in dem das Werbegesicht der Marke, Miley Cyrus, als Avatar digital abgebildet wurde und im Spiel genutzt werden konnte. Neben Taschen und Accessoires kann dieses digitale Parfüm in einem Rucksack in Form des berühmten »doppelten G« von Gucci nun von zahlenden Kunden im Online-Store erworben werden.

Große interaktive Live-Events

Ein großer Trend für das Marketing im Metaverse sind große interaktive Live-Events (englisch: Massive Interactive Live Events = MILEs), bei denen viele Spieler auf einer Plattform zusammenkommen. Diese Events können sowohl Echtzeitspiele als auch Veranstaltungen sein, die großes Interesse hervorrufen. Von Marken unterstützte Events sind ein wichtiger Fokus bei der Betrachtung der Auswirkungen des Metaverse auf das Marketing, da es bereits mehrere erfolgreiche Beispiele gibt.

Travis Scott & Balenciaga

Wie bereits beschrieben, gab der US-Rapper Travis Scott im April 2020 eine Live-Performance vor fast 12,3 Millionen Fortnite-Spielern. Passend dazu gab es ein neues Travis-Scott-Modell von Nike in deren Jordan-Kollektion – in der realen Welt. ▶▶

Die bekannte Modemarke Balenciaga stellte ihre Herbstkollektion 2021 im Videospiel »Afterworld« von Epic Games vor, das mit der Unreal Engine erstellt wurde. Die Teilnehmerzahl wurde dabei auf ca. 5 bis 7 Millionen geschätzt.

Medien und Entertainment

Das Metaverse spielt auch für die Unterhaltungsindustrie eine immer wichtigere Rolle. Verschiedene Unternehmen und Lizenzgeber sind dort bereits aktiv und profitieren von diesem Medium.

Nachfolgend einige Anwendungsbeispiele:

Digitale Erlebnisse

Im Metaverse können Medien-Unternehmen digitale Erlebnisse anbieten, die Nutzer in eine andere Welt entführen. Dies kann zum Beispiel die immersivere 360-Grad-Übertragung eines Sportereignisses sein. Auch die Teilnahme an einem virtuellen Konzert bietet weit mehr Interaktionsmöglichkeiten, als die typische TV-Übertragung bereithält. Der Nutzer ist regelrecht mittendrin statt nur dabei.

 BEISPIEL

Darts-Weltmeisterschaft bei Sport1

Ende 2022 übertrug der TV-Sender Sport1 die Darts-Weltmeisterschaft nicht nur im Fernsehen, sondern auch im Metaverse. An drei Turniertagen wurden im virtuellen Alexandra Palace, dem digitalen Zwilling des sogenannten »Ally Pally« in London, spektakuläre Match-Highlights im Decentraland gezeigt. Die Teilnehmer hatten so die Möglichkeit, mit anderen Darts-Fans über anstehende Partien zu philosophieren, mehr über die Stars zu erfahren ►►

und sogar mit ihren Avataren im Spiel zu interagieren. Im Fokus standen hier Dart-Scheiben, an denen der Teilnehmer selbst mit den Dart-Pfeilen spielen und damit an einer Verlosung teilnehmen konnte. Am Ende des Turniers gab es zwei Tickets für das WM-Finale in London zu gewinnen, inklusive Flug und Übernachtung, sowie weitere wertvolle Preise.

Die Teilnahmestatistiken sprechen für sich: An den drei Veranstaltungstagen gab es mehr als 1500 Besuche im digitalen Ally Pally Stadion in Decentraland und mehr als 16.000 Würfe von Dartpfeilen, die von Avataren ausgeführt wurden. Dies ist eine bemerkenswerte Bilanz, wenn man den aktuellen Stand des Metaverse bedenkt.

Die Avatare konnten ein digitales Sport1 Darts World Cup 2022 Trikot in Gold, Silber und Bronze anziehen, das auch außerhalb des World-Cup-Turniers in Decentraland getragen werden konnte. Da diese Trikots nur während des gut zwei Wochen dauernden Turniers angeboten wurden, waren sie nach dem Finale das direkte Ziel von Sammlern.

Derzeit nutzen Medienunternehmen die Expertise von Dienstleistern, die über das Metaverse-Know-how verfügen, um solche Veranstaltungen durchzuführen. Der Sender Sport1 hat in diesem Fall mit 42Meta kooperiert, die das digitale Konzept und Szenario für den TV-Sender entworfen haben. Gleichzeitig wurde das Event auf den verschiedenen Metaverse-Plattformen beworben. So vermarktete 42Meta das World Cup Turnier auf verschiedenen virtuellen Werbeflächen.

Freizeit- und Vergnügungsparks

Eine weitere Ausprägung von digitalen Erlebnissen in VR kann man in Freizeit- bzw. Vergnügungsparks »hautnah« erfahren. Hier gibt es Achterbahnen, die man mit einer VR-Brille betritt. Das reale Erlebnis, das man in der Magengrube spürt, kombiniert mit einer digitalen Welt, die auf die Fahrstrecke der Achterbahn angepasst ist, muss man selbst einmal ausprobieren. Es ist eine wahrlich immersive Erfahrung.

Nicht nur VR ist ein großes Thema innerhalb den Parks. Disney hat bereits angekündigt, AR-Erlebnisse mithilfe einer App in seinen Star-Wars-Themenparks zu integrieren.

Seit der Alpenexpress »Coastiality« im Jahr 2015 als weltweit erster VR-Coaster im Europa-Park Rust Premiere feierte, gibt es solche Fahrgeschäfte heute nicht nur als Achterbahnen, sondern auch als Freifalltürme, Autoscooter und sogar Wasserrutschen in dieser Art der VR-Experience. Es gibt sie in Deutschland z. B. außer im oben genannten Freizeitpark im Erlebnispark Schloss Thurn, in der ZOOM-Erlebniswelt Gelsenkirchen und im Phantasialand in Brühl bei Köln.

Social VR

Social VR ist eine Form, die sich besonders gut für Konzerte eignet. Aber warum sollte man ein Konzert mit dem großartigen Gefühl, das man in der realen Welt hat, ausgerechnet im Metaverse veranstalten?

Die Antwort ist ganz einfach: Die Einschränkungen, die es in der realen Welt gibt, gelten nicht im Metaverse. So können durch die weltweiten Teilnehmer wesentliche höhere Zuschauerzahlen erreicht werden. Die Konzertbesucher müssen sich nicht vor der Bühne drängen, sondern können sich um ihren Star herum frei in der Luft bewegen. Avatare, mit denen Sie am Konzert teilnehmen, können mit Merchandising-Artikeln wie T-Shirts bekleidet werden. Diese virtuellen Kleidungsstücke können z. B. über grafische Virtual-Reality-Codes aktiviert werden, die in Form von Plakaten in der Eventumgebung angebracht sind.

✓ **BEISPIEL**

Travis Scott bei Fortnite

Der Auftritt des US-Rappers Travis Scott im Spiel Fortnite ist das wohl bekannteste Beispiel für Social VR. Diese Spielwelt wurde im April 2020 in eine riesige virtuelle Konzertbühne verwandelt. Laut Epic Games, dem Hersteller von Fortnite, waren 12,3 Millionen Menschen gleichzeitig im Spiel und sahen den Auftritt ▶▶

des Rappers live – ein neuer Rekord. Die tatsächliche Zuschauerzahl wird jedoch weitaus höher geschätzt, da zahlreiche Streamer das Ereignis gleichzeitig auf ihren Kanälen über Plattformen wie Twitch und YouTube gestreamt haben.

Scotts Auftritt bricht den bisherigen Rekord des Musikproduzenten Marshmello, der etwas mehr als ein Jahr zuvor in Fortnite auftrat und mit 10,7 Millionen Nutzern einen Rekord aufstellte. Das Konzert des US-amerikanischen Musikproduzenten und DJs war dabei sehr farbenfroh und setzte zeitweise Effekte wie die Aufhebung der Schwerkraft ein. Diese Strukturen wurden in Scotts Konzert komplett aufgelöst. Zehn Minuten lang drehte sich ein ständig veränderndes Fortnite-Universum um Travis Scott, der als riesiges Hologramm mitten im Spiel erschien.

Angeblich soll Travis Scott sogar um einiges mehr mit diesem Event verdient haben als mit einem realen Live-Konzert. Die Rede ist von 20 Millionen US-Dollar – und zwar nur für virtuelle Outfits, Dance-Moves und Gegenstände.[41]

Gaming

Das Metaverse ist ein neues Konzept, aber die Möglichkeiten, die es bietet, wecken bereits großes Interesse. Insbesondere die Spieleindustrie blickt gespannt auf die Entwicklungen. Eine Umfrage des Bundesverbandes der deutschen Games-Branche prognostiziert, dass allein aus Deutschland zukünftig rund 24 Millionen Gamer im Metaverse aktiv sein könnten.[42] Besonders reizvoll sind nach den Erkenntnissen des Verbandes die Möglichkeiten des gemeinsamen Spielens, der Interaktion und Kommunikation mit anderen Spielern und die dadurch entstehende soziale Komponente im Spiel. Abgerundet wird diese Attraktivität durch besondere Events, die ebenfalls in virtuellen Spielwelten angesiedelt sind.

Vieles bleibt noch spekulativ, aber die Entwicklungen in der Spieleindustrie sind bereits stark auf das Metaverse ausgerichtet. Viele Gamer haben sich bereits aufgemacht, die virtuellen Welten zu erobern, die viel Raum für Neues bieten. Nicht zuletzt die Vielzahl an immer neu auf den Markt gebrachten VR-Brillen in immer günstigeren Preissegmenten wird die Intensität der Spielenutzung im Metaverse stark erhöhen.

Im Metaverse gibt es zahlreiche Möglichkeiten für Gaming-Erfahrungen. Unternehmen, die in der Vergangenheit großes Investitionskapital erhalten haben, entwickeln bereits virtuelle Gaming-Plattformen wie Fortnite, Roblox oder Minecraft.

Obwohl diese häufig als »Metaverse« bezeichnet werden, entsprechen sie nicht wirklich der tatsächlichen Definition. Gaming-Plattformen stellen oftmals nur Teilaspekte dar und decken nicht das gesamte Konzept ab. Ein echtes Metaverse soll eine vollständig immersive, digitale Welt sein, in der die Nutzer in einer Vielzahl von Bereichen miteinander interagieren können. Dazu gehören nicht nur Gaming, sondern auch soziale Interaktionen, Einkaufserlebnisse, Bildung und vieles mehr. Es besteht also noch viel Potenzial für die Entwicklung des Metaverse, und viele Möglichkeiten, die es bietet, sind noch unerforscht.

Das neue Gaming

Die Nutzung dieser Spielumgebungen trägt jedoch viele Züge der Metaverse-Charakteristik, wie die Interaktion, die gemeinsame Kollaboration und Kommunikation. Das Spielen wird jedoch bald ebenso spannend wie profitabel sein. Was in neu geschaffenen virtuellen Metaverse-Welten möglich sein wird, geht weit über das hinaus, was moderne Multiplayer-Spiele heute bieten. Ziel ist es, den sozialen Aspekt der Nutzung zu erweitern und die Spieler digital zu verbinden. Dies soll weit über das reine Gaming hinausgehen. Die Spieler sollen mithilfe von Add-ons wie AR- und VR-Brillen völlig in die Spielwelt eintauchen und diese auch außerhalb von Missionen und sogenannten Quests erleben können.

Wie eben beschrieben, ist es in Fortnite bereits möglich, von Künstlern bereicherte Live-Konzerte zu besuchen. Typische Kongresse, Ausstellungen und Wettbewerbe, wie auf der Gamescom, werden interessierten Spielern nicht nur vor Ort, sondern auch im Metaverse zur Verfügung stehen.

Online-Casinos

Online-Casinos haben die Glücksspielindustrie längst erobert. Seit ihren Anfängen hat sich die digitale Version der Casinos vielseitig weiterentwickelt, um den Anforderungen einer innovativen Glücksspielindustrie gerecht zu werden. Das hat dazu geführt, dass Online-Casinos nicht mehr nur für Glücksspielbegeisterte, sondern ganz generell für viele Spieler attraktiv sind. Sie gehörten zu den Ersten, die Kryptowährungen in der Glücksspielbranche einführten.

Einige seriöse Casino-Anbieter haben das Metaverse inzwischen als Möglichkeit entdeckt, ihr Angebot zu erweitern und ihren Kunden ein breiteres Spektrum als deren ursprüngliche Ausrichtung, wie Poker und Roulette, zu bieten. Vorreiter sind hier die Anbieter aus der Schweiz, die für ihre innovativen Konzepte bekannt sind.

Online-Casinos im Metaverse befinden sich noch in der Anfangsphase, doch die Spieler können in naher Zukunft sowohl bekannte Funktionen wie Gamification als auch völlig neue Spielkonzepte erwarten. So können die meisten Fans nicht auf Freispiele verzichten, die oft ausschlaggebend für die Wahl eines Casinos sind. Casino-Freispiele ohne Einzahlung in der Schweiz gehören hier zu den Klassikern. Wenn Casino-Varianten im Metaverse ähnliche Features umsetzen und damit sowohl bestehende als auch neue Nutzer anlocken, werden sich diese in den virtuellen Welten fest etablieren – vorausgesetzt, die Regulierung lässt Raum zur Entwicklung.

★ EXKURS

Play to Earn – die Glücksspielbranche verändert sich

»Play to Earn« (P2E) ist ein Begriff, der häufig im Zusammenhang mit dem Web3 verwendet wird. Blockchain-Spiele dienen als Grundlage für das Konzept, das sich allerdings noch in einem frühen Stadium befindet. Die Blockchain wird hier genutzt, um durch das Spielen Belohnungen in Form von Kryptowährungen oder digitalen Assets zu erhalten. Für den Austausch ▶▶

virtueller Güter werden auch hier NFTs verwendet. Trading Cards (Sammelkarten), Lootboxen (Überraschungstüten), Ausrüstung, Avatare, digitale Kunstobjekte oder Spielgegenstände sind gängige Beispiele für solche Belohnungen.

Aber das ist noch lange nicht alles. Das neue P2E-Geschäftsmodell ermöglicht es Spielern im Metaverse, bestimmte Aufgaben zu lösen, Meilensteine zu erreichen und Erfolge zu erzielen und dafür eine finanzielle Vergütung zu erhalten. Diese kann in Form von Fiat-Währungen, Kryptowährungen oder spielspezifischen Währungen bzw. Token erfolgen. Die Vergütung kann dann reinvestiert oder an anderer Stelle im Metaverse verwendet werden. Auf diese Weise könnte das Spielen nicht nur eine angenehme Freizeitbeschäftigung sein, sondern auch einen wirtschaftlichen Wert schaffen.

Einige Kritiker argumentieren, dass das Play-to-Earn-Konzept für die Nutzer noch nicht sehr lohnend ist, da die meisten Blockchain-Spiele noch nicht als Free-to-Play-Varianten verfügbar sind und Avatare zunächst mit NFTs gekauft werden müssen. Das bedeutet, dass der Einstieg in das Spiel für die Spieler mit Kosten verbunden ist, die sie tragen müssen. Bevor das Metaverse wirtschaftlich profitabel wird, ist daher eine beträchtliche Menge an Spielzeit erforderlich.

Freemium-Varianten, bei denen ein kostenloser Einstieg mit grundlegender Ausrüstung möglich ist und anschließend mit Fiat-Währungen, Kryptowährungen oder spielspezifischen Token bessere Ausrüstung erworben werden kann, um die Erfolgswahrscheinlichkeit zu erhöhen, gewinnen immer mehr an Beliebtheit auf den verschiedenen Spiele-Plattformen.

Nichtsdestotrotz boomen die Play-to-Earn-Spiele im Metaverse und locken eine große Zahl von Spielern in die virtuellen Welten. Inzwischen sind ganze Gemeinschaften und Gilden rund um das Konzept entstanden, in denen sich die Nutzer gegenseitig helfen, in diesen Blockchain-Spielen Fuß zu fassen. Langfristig hat Play to Earn als Spielkonzept das Potenzial, die Spieleindustrie maßgeblich zu verändern und immer mehr professionelle Spieler hervorzubringen.

Militär und Verteidigung

Schon immer hat das Militär neue Technologien frühzeitig gefördert, finanziert und genutzt. Die Einsatzgebiete von VR und AR umfassen Ausbildung, Simulationen und Einsatz für fast alle militärischen Disziplinen und helfen dabei, die Effektivität und Sicherheit zu verbessern. Hierzu gehören u. a. Flug-, Fahrzeug- und Gefechtssimulation sowie Kampftraining oder Sanitätsausbildung bis hin zur Behandlung posttraumatischer Belastungsstörungen.

In der Ausbildung werden VR und AR verwendet, um Soldaten auf Einsätze und andere Szenarien vorzubereiten, indem sie realistische Trainingseinheiten durchführen, ohne dass tatsächliche Risiken bestehen. Auch werden sie verwendet, um neue Technologien oder Taktiken zu trainieren.

Simulationen tragen dazu bei, die Entscheidungsfindung und die Koordination von Einsätzen zu verbessern, indem sie das Verhalten von Personen und Systemen in verschiedenen Szenarien simulieren.

In Zukunft wird VR und AR auch in Einsätzen selbst eine Rolle spielen, indem es zur Koordination von Aktivitäten und zur Übertragung von taktischen Informationen genutzt wird. Es kann verwendet werden, um die Sicherheit von Soldaten zu erhöhen, indem es beispielsweise dazu beiträgt, potenzielle Gefahren frühzeitig zu erkennen.

Die deutsche Bundeswehr setzt das Metaverse bereits für das Recruiting ein. In der virtuellen Welt von Decentraland wurde ein Rekrutierungsbüro der Bundeswehr aufgebaut. Dort können sich die Besucher einen Trailer für die neue Bundeswehr-Miniserie »Semper Talis« ansehen und erhalten am Ende ein Wearable in Form eines T-Shirts als NFT. Dieses ist stark limitiert und kann nach Erhalt in jedem Metaverse aus dem virtuellen Kleiderschrank (bzw. Wallet) des Avatars abgerufen werden.

Öffentlicher Sektor

Stadtmarketing, Wirtschaftsförderung und digitale Services für Bürgerinnen und Bürger – das sind die wesentlichen Bereiche, in denen Städte und Gemeinden vom Metaverse profitieren können. Damit wird der Begriff »Smart City« neu definiert.

Auch der öffentliche Sektor beschäftigt sich daher immer mehr mit dem Metaverse und seinen möglichen Nutzungsszenarien. Städte, Kommunen, Regionen und Länder sehen die Möglichkeit, die Verwaltung durch das Metaverse zu digitalisieren, leichter zugänglich zu machen und dadurch effizienter zu gestalten.

Im öffentlichen Sektor ist der »Gang zum Amt« der klassische Anwendungsfall, der einem als Erstes ins Gedächtnis kommt. Alle typischen Amtsgänge von Pass-Angelegenheiten über Geburtsurkunden bis hin zu geschäftlichen Belangen könnten zukünftig im Metaverse angeboten werden.

Ein weiterer Vorteil des Metaverse für den öffentlichen Sektor ist die einfache und effiziente Bereitstellung von Dienstleistungen und Informationen. Zum Beispiel könnten öffentliche Einrichtungen virtuelle Informationszentren oder -stände einrichten, an denen Menschen Fragen stellen und Antworten erhalten können, sei es von generativen künstlichen Intelligenzen oder manuell von Menschen, die als Avatare ansprechbar sind.

Darüber hinaus könnte das Metaverse eine Plattform bieten, die sich besonders für die Ausrichtung von Konferenzen, Arbeitsgruppen und anderen öffentlichen Veranstaltungen eignet. Das trifft besonders dann zu, wenn es wichtig ist, dass alle Teilnehmer präsent sind und direkt miteinander kommunizieren und interagieren sollen. Letztlich könnte das Metaverse auch als Plattform für die Entwicklung und Durchführung von Bildungs- und Ausbildungsprogrammen genutzt werden. Lehrkräfte könnten zum Beispiel virtuelle Klassenzimmer einrichten, in denen sie unterrichten und ihre Schülerinnen und Schüler interaktiv teilhaben lassen können.

Städte und das Metaverse

Dubai, Abu Dhabi und mehrere chinesische Städte haben bereits ihre eigenen Metaverse-Pläne angekündigt. Es ist jedoch nach wie vor nicht davon auszugehen, dass die Mehrzahl der Städte dem Metaverse eine hohe Priorität einräumt, vor allem wenn die Grundvoraussetzung für die Digitalisierung öffentlicher Einrichtungen noch nicht auf breiter Front gegeben ist.

»Es wird immer Städte geben, die als Pioniere gelten wollen, aber viele Städte fangen gerade erst an, soziale Medien zu nutzen, und haben ziemlich schlechte Websites«, sagte Jonathan Reichental, ehemaliger CIO der Stadt Palo Alto und Autor von *Smart Cities for Dummies*, im September 2022 gegenüber *Cities Today*.[43] Reichental sieht jedoch Potenzial für die Zukunft: »Das Metaverse als immersive virtuelle Umgebung ist äußerst überzeugend und wird in unseren Städten eine große Rolle spielen.«

✔ BEISPIEL

Seouls Stadtverwaltung im Metaverse

Die Stadtverwaltung von Seoul hat bereits im November 2021 eine Betaversion ihrer »virtuellen Stadtwelt«, Metaverse Seoul, veröffentlicht und war damit die erste Stadt, die ihre Metaverse-Ambitionen vorstellte. Schon im Januar 2022 erklärte die südkoreanische Stadt, dass sie im Rahmen ihrer Strategie der digitalen Transformation 7 Milliarden KRW (South Korea Won, das sind ca. 5,2 Millionen Euro) in Metaverse-Technologien investieren werde. Bis 2026 will die südkoreanische Hauptstadt eine Metaverse-Umgebung für alle Verwaltungsdienste, einschließlich Wirtschaft, Bildung, Kultur und Tourismus, schaffen. Dabei soll ein 170 Millionen Euro schwerer Fonds für die Implementierung der Metaverse-Technologie helfen.

Im Rahmen des Pilotprojekts wurden Rückmeldungen von Nutzern gesammelt, um das Nutzererlebnis zu verbessern und Fehler zu beseitigen, bevor die erste Phase des Dienstes im November 2022 offiziell freigegeben wurde. Während des Pilottests ▶▶

konnten ausgewählte Nutzer mit einem persönlichen Avatar auf das Seoul Metaverse zugreifen und die, wie Seoul es nennt, »realistischen virtuellen Räume« des Rathauses von Seoul und des Seoul Plaza erleben.[44]

Studenten von »Seoul Learn« können sich in Zukunft mit ihren Mentoren zu virtuellen Beratungen treffen. Die Online-Plattform wurde von der Stadtverwaltung von Seoul ins Leben gerufen, um die Bildungslücke für unterprivilegierte Schüler zu schließen. Nicht zuletzt aus diesem Grund erklärte der südkoreanische Präsident Yoon Suk Yeol die Web3-Technologie und das Metaverse zur nationalen Priorität. Außenminister Park Jin bekräftigte diese Botschaft auf dem Forum für Globale Innovation in Seoul im Dezember 2022 und sagte, dass das Land ein Zugpferd des Metaverse werden wird.[45]

Insgesamt gibt es viele Möglichkeiten, wie das Metaverse den öffentlichen Sektor bereichern könnte. Es ist jedoch zu betonen, dass die technischen und infrastrukturellen Anforderungen für den Aufbau und die Nutzung des Metaverse erheblich sein können, insbesondere im sicherheitskritischen Bereich, damit die Privatsphäre bestmöglich geschützt wird. Es dürfte also noch einige Zeit dauern, bis das Metaverse im öffentlichen Sektor umfassend genutzt wird.

Reisen und Tourismus

Vielleicht hatten Sie schon einmal die Gelegenheit, bei der Buchung einer Reise das Hotelzimmer oder die Umgebung in einer 360-Grad-Ansicht zu bewundern. In Zukunft werden Sie innerhalb weniger Minuten an praktisch jeden Ort der Welt reisen können und zumindest visuell und auditiv das Gefühl haben, wirklich vor Ort zu sein. Einen Erholungseffekt werden diese Reisen natürlich (zumindest vorerst) nicht haben. Aber sie bieten uns eine ressourcenschonende Möglichkeit, Orte zu erleben, an die wir aus zeitlichen, finanziellen, gesundheitlichen oder ökologischen Gründen sonst in dieser Form nicht reisen könnten. Einen Schritt weitergedacht, sind sogar Reisen in die Zukunft oder die Vergangenheit möglich.

Das Metaverse wird das physische Reisen nicht ersetzen. Vielmehr wird es die Reiselust steigern und den Wunsch, fremde Kulturen zu entdecken, verstärken. Es wird die Reiseerfahrungen erweitern und verbessern, da sich Nutzer über das Metaverse mehr Wissen über das Reiseziel aneignen können. Darüber hinaus ermöglicht es denjenigen, die aus verschiedenen Gründen nicht reisen können, Länder, Regionen und Orte virtuell zu besuchen. Im Metaverse werden die Nutzer mithilfe von technischen Add-ons verschiedene Sinneseindrücke wie Sehen, Hören, Berühren, Fühlen und sogar Riechen erleben können.

Hier einige Beispiele für den positiven Einfluss des Metaverse und seiner Technologien auf die Tourismusbranche:

Virtuelle Reisen mit dem Avatar

Mithilfe seines Avatars taucht der Nutzer in die Rolle eines Touristen. Auf diese Weise kann er sich eine klare Vorstellung davon machen, was ihn erwartet, wenn er das Reiseziel später »im echten Leben« besucht. Der Ort, die Menschen, die Natur oder Architektur, der fantastische Ausblick und vieles mehr können im Metaverse realistisch abgebildet und vom Nutzer erlebt werden.

Obwohl es sich um ein virtuelles Erlebnis handelt, werden die Sinne angesprochen und bestimmte Bereiche des Gehirns, die auf die entsprechenden Erlebnisse reagieren, aktiv stimuliert. So kann ein Virtual-Reality-Headset digitale Reisende dabei unterstützen, Situationen und Orte auf eine ganz neue Art und Weise zu erleben, die vorher nicht greifbar oder umsetzbar waren.

Nachhaltigkeit

In gewissem Sinne können technische Errungenschaften im Metaverse und die Erlebnisse dort dazu beitragen, das Angebot an touristischen Ressourcen zu erweitern und einen nachhaltigen Tourismus zu fördern. Klassische negative Auswirkungen auf die Umwelt, sowohl lokal als auch im größeren Kontext, können durch das Metaverse minimiert werden.

Es ist wichtig zu beachten, dass auch virtuelle Erlebnisse meist noch nicht nachhaltig sind, da sie Energie und Ressourcen für den Betrieb der Computer und anderer Technologien benötigen. Unternehmen, die virtuelle Erlebnisse anbieten, sollten ihre Energiequellen und ihren Ressourcenverbrauch sorgfältig verfolgen und auf ein Minimum reduzieren, um die Nachhaltigkeit ihrer Angebote zu verbessern.

Verringerte Reise-Emissionen

Da die meisten virtuellen Erlebnisse online stattfinden, gibt es keine Notwendigkeit, physisch an einen Ort zu reisen, was zu weniger CO_2-Emissionen führt. So werden lokale Regionen nicht umweltschädlich belastet. Dies betrifft hauptsächlich die Emissionen von Kreuzfahrt- und Flugreisen, aber auch die hohe Anzahl von Individualanreisen mit dem Auto.

Weniger Belastung für lokale Regionen

Der traditionelle Tourismus kann zu Belastungen für die lokale Bevölkerung führen, insbesondere in stark besuchten Orten, die unter Überfüllung leiden können. Im Gegensatz dazu bietet das Metaverse eine schonendere Möglichkeit, touristische Regionen zu erkunden. Diese Regionen können sogar finanziell von virtuellen Touristen profitieren, indem sie beispielsweise geführte virtuelle Touren gegen Entgelt anbieten. Viele Reisende möchten die Kultur und die Menschen eines Ortes kennenlernen, deshalb können lokale Anwohner in die virtuellen Reisen eingebunden werden, indem sie als Gesprächspartner der Reisenden fungieren und dabei durch ihr Wissen über die Region Geld verdienen.

Keine Umweltbelastungen

Der traditionelle Tourismus hat oft negative Auswirkungen auf die Umwelt, z. B. durch den Bau von Hotels und anderer touristischer Infrastruktur. Im Metaverse gibt es keine derartigen Umweltbelastungen.

Loyalty-Programme

Wie kann das Metaverse nun der Tourismusbranche helfen, neue Umsatzpotenziale zu erreichen? Letztlich liegt die Antwort in der digitalen Aufbereitung und Transformation bereits bewährter, sogenannter Cash-Cow-Bereiche und in der Erschließung neuer Potenziale.

VIP-Programme für wiederkehrende Kunden sind einer der ältesten Ansätze, Kunden zu binden. Verschiedene Status-Level tragen hier seit den 1960er-Jahren dazu bei, Anreize zu schaffen, um die nächsten Status-Levels zu erreichen und in den Genuss der damit verbundenen Vorteile oder Vergünstigungen zu kommen. Diese Loyalty-Programme wurden über die Jahrzehnte bis in die 2000er-Jahre zwar immer beliebter, danach wurden durch verschiedene, hauptsächlich wirtschaftliche, Einflüsse der Betreiber dieser Loyalty-Programme wie Fluggesellschaften oder Hotels die Vorteile und Qualitäten der Vergünstigungen jedoch stark eingeschränkt bzw. völlig verwässert. Der Gegenwert des Nutzens im Vergleich zum Aufwand, um ihn zu erreichen, wurde immer geringer. Mit NFTs könnte dieser Gegenwert durch die Einzigartigkeit der Leistung und durch Funktionen, die man als Loyalty-Mitglied bekommt, wiederbelebt werden.

Im März 2022 konnten wir auf dem »Global Tourism Forum« in Dubai, einer der größten hybriden Konferenzen zum Thema Tourismus in Verbindung mit der Blockchain-Technologie, mit vielen hochrangigen Vertretern der Branche u. a. über das Thema neue digitalisierte Treueprogramme sprechen. Wir mussten feststellen, dass viele Chief Digital Officers internationaler Hotelketten und Fluggesellschaften sichtlich überfordert sind, ihr traditionelles Geschäftsmodell in das neue, digitalisierte Zeitalter zu übertragen. Insbesondere tun sie sich schwer, die Vorteile der Blockchain-Technologie für ihre Angebote zu erkennen oder Ansätze zu finden.

Dabei sind diese Ansätze relativ einfach:

Hotellerie und Hospitality

Hotelbuchungen, die den Charakter der Einzigartigkeit verkörpern, eignen sich hervorragend für die Nutzung von Token. So kann kein Gast vorgeben, ein anderer zu sein, was ein wichtiger Sicherheitsaspekt ist. Die Buchungen können direkt und unmittelbar mit dem Token des Treueprogramms des Gastes verknüpft werden.

Token generell und Soulbound-Token (SBT) im Speziellen sind in Hotel-Mitgliedsprogrammen ein Game-Changer. Sie können zum Teil auch als NFTs in Einsatz gebracht werden, wenn Leistungen auf mehrere Nutzer übertragbar sein sollen. In dem oben beschriebenen Anwendungsfall »Loyalty-Programm« kann ein auf einer Wallet – z. B. in einem Mobiltelefon – gespeicherter SBT als Eins-zu-eins-Ersatz für eine Mitgliedskarte dienen. So können im SBT automatisch kleine kostenlose Annehmlichkeiten für wiederkehrende Gäste wie ein Hotelshuttle, ein automatisches Upgrade oder in Urlaubsresorts auch Zugänge zu bestimmten Resort-Arealen gewährt werden, die anderen Gästen verschlossen bleiben. Auch Vorkaufsrechte für neue Projekte in Time-Share-Anlagen oder bestimmte Buchungszeiten in der Hochsaison, die in diesem Hotelkonzept meistens nicht zur Verfügung stehen, können über Token zugänglich gemacht werden.

Nicht zuletzt können den Inhabern solcher Token exklusive Veranstaltungen angeboten werden, es können mit ihnen Optionen für Neuemissionen von Aktien der Hotelkette gewährt werden, und Dauergästen und anderen Loyalty-Mitgliedern kann die exklusive Möglichkeit eingeräumt werden, Hotelzimmer, Suiten oder Apartments auf bestimmten Hoteletagen zu erwerben. Dies wird in großen Tourismusdestinationen wie z. B. in Dubai seit Jahren praktiziert. Beispiele hierfür sind die First Collection Group, die Five Hotel Group oder auch die RIXOS Hotel Group.

Ein weiteres, sehr praktisches Anwendungsbeispiel für Hotellerie und Hospitality sind Zugangsfunktionen, die in Anlehnung an die Abkürzung NFT mittlerweile auch als »NF-Key« bezeichnet werden. Für Hotels oder Business-Logen gibt es bereits seit Jahren Karten als Ersatz für den klassischen Schlüssel. Diese funktionieren teils mit Magnetstreifen oder auch mit RFID-Chips. Dadurch sind sie jedoch nicht fälschungssicher und leicht von anderen auslesbar oder unterliegen sogar besonderen Betrugsversuchen. Zusätzlich besteht bei den Magnetkarten die Problematik, dass sie häufig nicht mehr funktionieren, wenn sie zu nah an einem Handy positioniert werden. Durch die Einzigartigkeit, die eindeutige Natur von Token und die Transparenz bzw. anonyme Protokollierung der Zugänge auf der Blockchain können mit Token sowohl Loyalty-Programme aufgewertet werden als auch Sicherheitsfunktionen endlich wirklich sicher gemacht werden.

Wenn der Hotelgast lediglich das Handy an die Hotelzimmertür halten muss und diese über den in der Wallet gespeicherten Token geöffnet werden kann, wird der Gast dies als eine sehr komfortable Lösung begrüßen. Dies ist nicht nur zeitgemäß, sondern bietet auch die Sicherheit und den Komfort, den sich sowohl das Hotel als auch die Gäste wünschen. Zudem sind sie kostengünstig und schnell zu realisieren.

Fluggesellschaften

Die offensichtlichste Verwendung in dieser Industrie ist sicherlich die Verwendung von Token als Flugticket. Dieses Token kann in Form eines SBTs, oder, wenn es ein flexibles Ticket sein soll, in Form eines NFTs die gleichen Reise-Informationen beinhalten, wie dies aktuell auf digitalen oder ausgedruckten Tickets der Fall ist.

Der Vorteil ist jedoch die unmittelbare und damit direkte Verbindung des Tickets mit dem personenbezogenen Token, das eindeutig dem Loyalty-Programm zugeordnet ist. Die Verwendung dieses Token kann z. B. durch das Auflegen des Handys, in dem die Wallet-App mit dem Ticket-Token liegt, auf einen Sensor-Leser erfolgen. Dies wird heute bereits in ähnlicher Form an Flughäfen genutzt, wo QR-Code-Tickets gelesen werden. Auch an Bahnhöfen werden häufig Zugangsleser von Magnetkarten am Bahnsteigeingang genutzt. Die gleichen Terminals können, erweitert um die Auslesefunktion des Token, weiterverwendet werden.

Natürlich können auch Fluglinien NFTs als Belohnung oder Zugangsanrecht für ihre treuen Kunden verwenden. Solche Loyalty-Programme stärken die Markenbindung und motivieren die Kunden zu wiederholten Flügen. So dürfen Kunden, die regelmäßig Flüge mit der Fluggesellschaft buchen, Punkte sammeln, die sie gegen NFTs eintauschen können. Die NFTs können dann exklusive Erlebnisse repräsentieren. Dies könnte die Kunden dazu ermutigen, weiterhin Flüge mit der Fluggesellschaft zu buchen, um mehr Punkte zu sammeln und mehr exklusive NFTs zu erhalten.

Zusätzlich können Fluglinien NFTs als Tickets für exklusive Erlebnisse und Zugänge wie VIP-Behandlungen, Sonderflüge oder VIP-Treffen mit Unternehmensvertretern verkaufen. Dies kann für Fluggäste attraktiv sein, die ein einzigartiges Erlebnis suchen und bereit sind, dafür mehr zu bezahlen.

Eine andere Möglichkeit ist, dass Fluggesellschaften NFTs als Präsente für Kunden anbieten, die ihren Geburtstag oder einen anderen besonderen Anlass feiern. Dies könnte eine nette Geste als Andenken sein und gerade in der Sammlergemeinschaft für positive Markenwahrnehmung sorgen. Fluggesellschaften können so auch NFTs als Sammlerstücke anbieten, die von bekannten Künstlern oder Designer gestaltet wurden, z.B. als Teil von NFT-Kollektionen. Dies kann für Fluglinien-Enthusiasten attraktiv sein, die ihre Sammlung erweitern möchten und so digitale Andenken an besondere Ereignisse bewahren können. Man denke dabei an Erstflüge bestimmter Flugzeugtypen oder Einweihungen neuer Flughäfen.

Restaurants, Clubs, Bars

Wie oben erwähnt, gibt es auch in vielen Restaurants, Clubs und Bars mittlerweile Loyalty-Programme. Die Funktionsweise ist die gleiche wie bereits beschrieben. Analog zu den Flugtickets oder Hotelreservierungen sind auch bei Restaurants Reservierungen über Token realisierbar und damit direkt verknüpfbar mit den personenbezogenen Loyalty-Programm-Token.

Sport und Fitness

Es gibt viele Möglichkeiten, wie Sport- und Fitnesshersteller das Metaverse für ihre Zwecke nutzen können. Hier sind einige Beispiele:

VR-Workouts und -Joggen

Bereits heute gibt es eine Vielzahl von Virtual-Reality-Workouts, die Sie zu Hause oder im Fitnessstudio durchführen können. Sie können sogar in einer virtuellen Umgebung joggen, während Sie sich an einem virtuellen Strand oder in einer malerischen Landschaft befinden. Mit dieser Art von Training lassen sich Abwechslung in das Fitnessprogramm bringen und gleichzeitig die Vorteile der virtuellen Realität nutzen. Einige dieser VR-Workouts bieten sogar die Möglichkeit, mit anderen Nutzern zu trainieren oder auch gegeneinander anzutreten, was für zusätzliche Motivation und Spaß sorgt. Es gibt viele Apps, die virtuelles Yoga, Pilates, Cardio und sogar Tanzen anbieten.

Von der Firma **Virtuix** gibt es eine stationäre Plattform mit einer gleitfähigen Oberfläche namens »Omni«. Der Oberkörper ist an einem Gestell fixiert, das mit der Plattform verbunden ist, sodass Nutzer die Füße wie beim Gehen oder Laufen bewegen können. Der gesamte Körper kann sich um 360 Grad drehen, wodurch letztlich auf einem Quadratmeter eine komplette Rundumbewegung simuliert werden kann.

Ähnliche Geräte stehen auch für das Training in anderen Sportarten zur Verfügung. So imitiert beispielsweise **Holodia** eine Rudermaschine, die in einer VR-Umgebung genutzt wird. Hier kann die Umgebung komplett ausgeblendet werden, um sich noch besser auf das Ziel konzentrieren zu können.

Ein weiteres Sportgerät kommt aus München – das VR-Fitnessgerät der gleichnamigen Firma **Icaros**. Die Nutzer liegen hier in einem bequemen Gestell, das dreidimensional selbst auf kleinste Bewegungen reagiert. Über eine VR-Brille und Bedienelemente an den Handgriffen lässt sich der »Icaros« wie ein Flugzeug durch die virtuellen Lüfte oder wie ein U-Boot unter Wasser steuern, um in VR-Spielen in der Luft und im Wasser Punkte zu sammeln. Was einfach klingt, ist tatsächlich schweißtreibend, wie wir selbst feststellen konnten. Das Gerät wurde im Design als so ikonisch und in der Funktionalität als so neuartig empfunden, dass es bereits in der Pinakothek der Moderne in München ausgestellt wird, denn es verbindet die neue moderne (VR-)Welt mit der traditionellen haptischen Welt.

Online-Fitnesskurse

Auch Yoga-Kurse können im Metaverse besucht werden, während man von einem virtuellen Trainer angeleitet wird. In der Gemeinschaft lässt sich zusammen trainieren. Dies kann über VR-Brillen geschehen, die die Teilnehmer tragen, oder über die Avatare, die z. B. mittels Motion-Capture-Verfahren oder Kameraübertragung die exakten Bewegungen ihres menschlichen Pendants imitieren.

Sport- und Fitnesshersteller bieten bereits heute Online-Fitnesskurse an, die Sie von jedem Ort der Welt besuchen können. Diese Kurse gibt es in Form von Videos oder Live-Sessions, auch über VR-Brillen; sie werden von professionellen Trainern geleitet. Einige VR-Fitnesskurse und virtuelle Trainingsumgebungen bieten trotz ihres spielerischen Charakters einen echten Trainingseffekt.

Diese Workouts bieten die gleiche körperliche Herausforderung wie in der realen Welt, da sie die gleichen Muskelgruppen und Bewegungen beanspruchen. Es ist also sehr wahrscheinlich, dass Sie sich durch ein Virtual-Reality-Workout genauso erschöpft fühlen wie nach einem realen Workout.

VR-Events

Sport- und Fitnessanbieter werden im Metaverse Virtual-Reality-Events veranstalten, bei denen Nutzer an Wettkämpfen, gemeinsamen Trainingseinheiten oder anderen Sportereignissen teilnehmen können, ohne tatsächlich vor Ort sein zu müssen. Diese Art der Events spiegeln daher einige Grundlagen des Metaverse wider: Barrierefreiheit, Inklusion, Gleichberechtigung und auch Nachhaltigkeit, da die Teilnehmer nicht zu der Veranstaltung reisen müssen.

Rexona

Um diese Grundprinzipien auf spielerische Weise zu demonstrieren, kooperierte die Unilever-Marke »Degree Deodorant« (in Deutschland als »Rexona« bekannt) im April 2022 mit Decentraland. So veranstaltete die Marke gemeinsam mit dem Grammy-nominierten Künstler Fat Joe und dem paralympischen Athleten Blake Leeper den »Degree Metathon« – den weltweit ersten Marathon im Metaverse. Die Deo-Marke hatte hier sehr authentisch und funktional das Engagement für mehr Bewegungsaktivitäten gefördert und natürlich im Vorfeld mit vielen Marketing-Aktivitäten im Metaverse, aber auch online und in der realen Welt begleitet.[46]

VR-Sportausrüstung

Hersteller von Sport- und Fitnessartikeln können im Metaverse virtuelle Versionen ihrer Sportausrüstung anbieten, die Nutzer testen und kaufen können. So können Nutzer beispielsweise Tennisschläger, Skier, Schwingstäbe und Therapiebänder in einer Virtual-Reality-Umgebung testen oder die Passform von Sportbekleidung oder Turnschuhen ausprobieren, bevor sie diese tatsächlich kaufen.

Telekommunikation

Telekommunikationsanbieter werden den Aufbau des Metaverse nicht nur von der Infrastruktur her unterstützen, sondern es auch aktiv nutzen. Aktuell sind sie eher noch in Kooperationen mit Plattformanbietern engagiert, um die technische Leistungsfähigkeit dieser Plattformen zu stärken und zusätzlich ihre eigenen Metaverse-Präsenzen zu zeigen. Doch zukünftig werden sie die vielfältigen Chancen immer mehr zur Bereitstellung ihrer eigenen Produkte und Dienstleistungen nutzen.

Hier finden sich einige der naheliegendsten Metaverse-Aktivitäten dieser Anbieter:

Kooperationen mit Metaverse-Plattformen

Die großen Netzbetreiber arbeiten bereits mit den Anbietern von Metaverse-Plattformen zusammen, um 5G- und 6G-Standards zu erforschen und gemeinsame Angebote für virtuelle Meetings und Veranstaltungen zu entwickeln. Diese könnten exklusiv auf Partner-Plattformen zu besonderen Bedingungen oder als Teil von Kombipaketen angeboten werden. Dadurch können Nutzer mit sehr schneller Netzgeschwindigkeit miteinander kommunizieren, z. B. über Chat-Plattformen oder ruckelfreie VR-Sitzungen mit hochauflösenden kollaborativen Grafikwerkzeugen.

Entwicklung und Bereitstellung von Spezialdiensten

Telekommunikationsanbieter könnten ihre Dienste im Metaverse anbieten, indem sie die Technologie für exklusive virtuelle Räume zur Verfügung stellen. Hier können Nutzer auf sehr sichere Weise miteinander interagieren, um z. B. Gespräche führen zu können, die Firmengeheimnisse beinhalten.

Tom Griffith, Head of Innovation and Future Business Models bei Vodafone, stellte hierzu fest: »Das nächste große Thema ist Web3 und das Metaverse. Als Telekommunikationsbetreiber haben wir die Aufgabe, die Konnektivität für diese Dienste der nächsten Generation zu ermöglichen. Wir sehen uns in einer Schlüsselrolle, wenn es darum geht, den Kunden zu ermöglichen, sich nahtlos und sicher durch diese neuen Erfahrungen zu bewegen. Für uns ist das Metaverse die nächste Evolution in der Art und Weise, wie wir mit Technologie interagieren werden. Es stellt die Konvergenz zwischen der virtuellen Welt und der realen Welt dar. Viele denken, dass es nur darum geht, durch ein Virtual-Reality-Headset in eine virtuelle Welt zu blicken, wir sehen darin jedoch noch viel mehr. Es ist die Iteration der Art und Weise, wie wir arbeiten werden. Virtuelle Realität wird daran einen Anteil haben, aber auch Mixed Reality wird eine große Rolle spielen.«[47]

Hologramme im Metaverse

Telekommunikationsunternehmen können ihre Dienste erweitern, indem sie die virtuelle und die reale Welt miteinander verbinden. So könnten sie neben ihren eigenen virtuellen Räumen im Metaverse, in denen Kunden mit Produkten oder Avataren interagieren, auch reale Hologrammtechnologie in ihren physischen Ladengeschäften einsetzen. Lösungen wie die Holobox von Holoconnects ermöglichen es, sich virtuell zu anderen Gesprächspartnern zu »teleportieren«. Ein solches Angebot könnte für die TK-Anbieter ein echtes Alleinstellungsmerkmal sein, mit dem sie sich von ihren Mitbewerbern absetzen können.

Dieses Szenario ist gar nicht so abwegig, denn die großen europäischen Mobilfunknetzbetreiber haben sich darauf geeinigt, Hologramm-Telefonate massentauglich zu machen. Vodafone, Telefónica (O2), die Deutsche Telekom und Orange kündigten im September 2021 ein Projekt zur Entwicklung einer gemeinsamen Plattform für die Übertragung von dreidimensionalen Echtzeitbildern an – mit anderen Worten: Hologramme.[48]

Nutzung von Marketing- und Werbemöglichkeiten

Wie in der realen Welt lancieren die Telco-Anbieter bereits Werbekampagnen in der virtuellen Welt. Noch werben sie hier für ihre virtuellen Veranstaltungen, ihre Plattformpräsenzen oder auch für Produkte in der realen Welt. Es wird jedoch nicht mehr lange dauern, bis sie ihre Metaverse-spezifischen Produkte zur direkten Nutzung darin anbieten werden.

✔ **BEISPIEL**

Deutsche Telekom

Obwohl die Deutsche Telekom physisch am Mobile World Congress (MWC) 2022 in Barcelona teilnahm, war sie dort auch mit einem virtuellen Stand vertreten. Die Deutsche Telekom sieht diese virtuelle Präsenz, die von und mit rooom (siehe Kapitel 8) gebaut wurde, als einen weiteren wichtigen Schritt auf dem Weg ▶▶

zu einem eigenen Corporate Metaverse. Schwerpunkt der hybriden Teilnahme der Deutschen Telekom am MWC waren Live-Übertragungen, On-demand-Inhalte zu Produkten und Videos sowie eine intuitive Netzwerklösung und digitale Videowände. Als Bonus wurden individualisierbare Avatare angeboten, wodurch die Interaktivität im virtuellen Raum gesteigert wurde.

Die Auswertung der Kennzahlen war beeindruckend: Die durchschnittliche Verweildauer auf der virtuellen Messepräsenz betrug 25 Minuten – hier wurden die Inhalte offensichtlich nicht nur überflogen, sondern im Detail betrachtet. Verglichen mit einer »Sitzung« im vergleichbaren Internet-Angebot ist der Wert in der virtuellen Welt außergewöhnlich hoch.

Veranstaltungen, Museen, Ausstellungen

Gerade die Veranstaltungsindustrie hat durch die Pandemie einen enormen Digitalisierungsschub erfahren, indem sie sich durch das Versammlungsverbot komplett neu erfinden musste. Digitale und hybride Events sind mittlerweile ein fester Bestandteil der Branche geworden und werden auch zukünftig nicht mehr wegzudenken sein.

Virtuelle und hybride Messen, Konferenzen und Konzerte erleben einen Boom, und auch wenn Menschen sich nahe sein wollen und müssen, werden diese Formate in Zukunft Bestand haben.

Events: Konzerte, Messen und Konferenzen

Die Eventerfahrung wird sich im Metaverse verändern. Dieses neue Medium eröffnet neue Facetten, um Erfahrungen, die in der realen Welt gemacht wurden, auf eine ganz neue Art und Weise zu erleben.

Das Metaverse kann genutzt werden, um Konferenzen, Kongresse, Vorträge, Podiumsdiskussionen, Konzerte, Musikfestivals, Theateraufführungen, Sport-Events und viele andere Formen der Live-Unterhaltung in einer virtuellen Welt zu veranstalten. Dies wird besonders nützlich sein, wenn Veranstaltungen nicht in der realen Welt stattfinden können oder wenn Events einem weltweiten Publikum zugänglich gemacht werden sollen, ohne dass die Teilnehmer physisch anwesend sein müssen.

Durch den Einsatz von VR und AR werden ganz neue Arten von immersiven Begegnungen geschaffen. Der typische Austausch von Visitenkarten auf Messen und Konferenzen wird so zum Kinderspiel. Die Kontaktinformationen stehen im Datensatz des Nutzers zur Verfügung und können einfach aktiviert, geteilt und im Adressbuch des Nutzers gespeichert werden.

Das Metaverse trägt durch seine technologischen und immersiven Fähigkeiten dazu bei, Prozesse und Abläufe in der Veranstaltungsbranche zu rationalisieren. Ein weiteres Beispiel dafür ist die Nutzung der Blockchain-Technologie für die Teilnahmebestätigung an Events oder den Kauf von Tickets. Diese bieten immer häufiger die Möglichkeit, auch als NFT gemintet zu werden. Eine Ausprägung von NFTs sind z. B. sogenannte POAPs.

☀ GUT ZU WISSEN

POAPs

POAPs (Proof of Attendance Protocols) sind technisch gesehen NFTs, die als Beweis für die Teilnahme an einem bestimmten Ereignis oder Ort dienen. Sie werden häufig in der Blockchain- und Kryptowährungs-Community als Sammlerstücke und als Mittel zur Förderung der Teilnahme an Veranstaltungen verwendet. POAPs können durch die bloße Anwesenheit an einem Ereignis oder durch das Erfüllen von bestimmten Aufgaben während eines Ereignisses verdient oder als Zusatz zum einem Eintrittsticket gemintet werden. Sie sind in der Regel auf einer Blockchain wie Ethereum gespeichert.

POAPs unterscheiden sich von anderen NFTs dadurch, dass sie einen realen Anreiz für die Teilnahme an Events bieten und nicht nur als Sammlerstücke oder Kunstwerke dienen. ▶▶

So wurden auf der Veecon, einer auf Blockchain und NFT spezia-
lisierten Konferenz im Mai 2022, die Eintrittstickets auch als NFT
angeboten, in diesem Fall nicht als POAP. Die Tickets wurden –
nachdem die Veranstaltung abgeschlossen war – im Zweitmarkt als
Sammlerstücke zum vielfachen Preis weiterverkauft. Wie gesagt:
Als Eintrittstickets hatten diese NFTs keine Gültigkeit mehr.

Man muss noch nicht einmal auf die NFTs oder Blockchain schauen:
Im Vergleich zu herkömmlichen Live-Events kann der Einsatz von VR-
und AR-Technologien zu deutlichen Kosteneinsparungen führen. So
entfallen beispielsweise die Kosten für die Miete der Location, für Licht
und Ton sowie für den Einsatz von Personal.

Der Einsatz von virtuellen Veranstaltungen, egal ob Meeting, Konferenz oder Konzert, ermöglicht eine theoretisch unbegrenzte Anzahl
von Teilnehmern. Zudem schafft der Einsatz immersiver Tools aufgrund ihrer Dreidimensionalität ein deutlich intensiveres Erlebnis. Die
Veranstalter oder Künstler können mit ihrem Publikum viel gezielter
kommunizieren und durch die unmittelbare Präsenz quasi auf Augen-
höhe interagieren.

★ EXKURS

Die Kongress- und Ausstellungsbranche im Wandel

Metaverse-Technologien können als individuelle Komponenten eines Veranstaltungsbaukastens betrachtet werden. Sie dienen als
Grundlage für die Entwicklung neuartiger Erlebnisse. Letztendlich
liegt es jedoch an den Veranstaltern und Eventplanern, diese neuen
Möglichkeiten auch sinnvoll einzusetzen. Um ihren Veranstaltungen
im Metaverse eine authentische Bedeutung zu verleihen, müssen
sie diese zielgruppengenau gestalten und zusätzlich ein echtes und
einzigartiges Erlebnis schaffen.

Digitale Veranstaltungen schaffen einen abgeschlossenen Raum, in
dem die Realität abgeschottet wird,　　　　　　　　▶▶

und ermöglichen es, sich voll und ganz auf das Veranstaltungserlebnis zu konzentrieren. In VR/AR und mit Spatial Audio ist es möglich, Bilder, Klänge und auch Bewegungen ganz anders als in der realen Welt zu erzeugen und zu erleben. Das kann der Veranstaltung einen echten Wow-Effekt verleihen.

Spätestens seit der Pandemie sind hybride Veranstaltungen, d. h. die Kombination von Präsenz- und Online-Events, eine spannende Lösung, um allen Interessierten die Teilnahme zu ermöglichen. Zusätzlich zu den realen Teilnehmern, die vor Ort sind, beteiligen sich auch digital oder virtuell eingebundene Teilnehmer. Ein großer Reiz von hybriden Events liegt in der grenzenlosen Kommunikation aller Teilnehmer. Lebendigkeit, Immersion, eine größere Reichweite und eine breitere Zielgruppe sind nur einige der Vorteile dieser neuen Veranstaltungsart, die durch das Metaverse möglich wird.

Museen und Galerien

Auch die Zukunft der Museen und des Metaverse scheinen miteinander verbunden zu sein. Museen mussten sich bereits an alle Iterationen des Internets anpassen und haben sich dabei recht gut geschlagen. Von der reinen Bereitstellung von Inhalten über eine Präsenz in den sozialen Medien bis hin zur direkten Interaktion mit Nutzern und potenziellen Besuchern wurden neue Wege gegangen. Das heißt, Inhalte und Interaktivität wurden von vielen Museen bisher gut bewältigt.

Mit dem Aufkommen des Metaverse ergeben sich für Museen und Galerien neue Möglichkeiten, aber auch Herausforderungen. So nimmt die Nutzung von Smartphones und Onlinespielen stetig zu, was die Aufmerksamkeit für und in Museen verringert. Es geht also nicht nur um das Aufkommen und die Vorteile dieser neuen Technologien, sondern auch um soziale Trends, die diese neue Technologie torpedieren und die Nutzung für Museen verhindern können.

Zusätzlich zu diesen Herausforderungen haben reale Museen und historische Stätten oftmals Beschränkungen in Bezug auf Kapazität, Öffnungszeiten oder Sicherheitsanforderungen. Virtuelle Museen könnten diese Beschränkungen aufheben und einem globalen Publikum ein nahezu reales Museumserlebnis ermöglichen. Verschiedene Technologien im Metaverse wie z. B. NFTs können genutzt werden, um eine Incentivierung für Fördervereine oder Krypto-Wohltäter zu gewähren. Durch diese »Förderer der Kunst« können Unterhaltskosten, die ein Museum zu tragen hat, leichter bewältigt werden. Als Gegenleistung für das Engagement kann ein NFT oder Token ausgegeben werden, das dem Inhaber besondere Vorteile gewährt.

Schon jetzt wird der Kunstmarkt dank des NFT-Trends und seiner Technologie durch das Web3 revolutioniert. Künstler können von ihren Werken NFTs erstellen oder minten, sodass Sammler einen digitalen Vermögenswert erhalten. Die Blockchain-Technologie ermöglicht eine neue Art von digitalen Vermögenswerten.

✔ BEISPIEL

Theatre of Digital Art, Dubai

Einige Museen und Kunstgalerien haben ihre Metaverse-Strategie bereits durchdacht und sind dabei, diese neue, immersive Welt im Sinne ihrer Besucher und natürlich der eigenen Zukunftsfähigkeit umzusetzen. So konnten wir auf einer Ausstellung von NFTs im Theatre of Digital Art (ToDA) in Dubai im Mai 2022 mithilfe von VR nicht nur Kunst ansehen, sondern in diese »eintauchen«. Buchstäblich konnte man in die flache Oberfläche eines solchen Gemäldes hineintauchen und befand sich dann innerhalb des Bildes, sozusagen dreidimensional unter der Oberfläche.

Es war nicht nur vor Ort ein Heureka-Moment, sondern ist sogar hier schwer zu beschreiben. Das Gehirn hat für so eine Erfahrung keine passenden Referenzszenarien. Man muss es wirklich selbst ausprobieren. Der Aha-Effekt, ein von außen betrachtetes Bild plötzlich von innen zu erkunden, unendlich viele Details zu entdecken und vielleicht dadurch auch besser zu verstehen, ist sensationell.

Diese einzigartige Erfahrung ist in Museen und Galerien natürlich nicht möglich, wo Sie Gemälde auf herkömmliche Weise betrachten. Für zahlreiche Nutzer ist dies der Grund, sich Kunst in VR anzusehen.

Victoria and Albert Museum, London

Eine weitere Möglichkeit, die sich in einem Metaverse bietet, sind Sonderausstellungen, die speziell für dieses Medium konzipiert wurden. Um die Wirkung des Buches »Alice im Wunderland« von Lewis Carroll zu feiern, zeigte das Victoria and Albert Museum (V&A) in London das ganze Jahr 2021 über eine atemberaubende Ausstellung über ein neu gestaltetes »Wunderland«. Diese immersive und theatralische Ausstellung zeigte die Ursprünge, Anpassungen und Neuinterpretationen über 157 Jahre hinweg. Es zeichnete die Entwicklung von Alice' Abenteuern im Wunderland vom Manuskript bis hin zu einem weltweiten Phänomen nach, das von allen Altersgruppen gleichermaßen bewundert wurde. So wurde auch die Ausstellung für alle Altersgruppen konzipiert.

Dieses Erlebnis war auch für die Nutzer zu Hause in VR verfügbar, während die Besucher des Museums eine erweiterte Version des Erlebnisses erfahren konnten. Diese immersive Erfahrung enthielt verschiedene Beiträge aus verschiedenen Kunstdisziplinen. So wurden im Museum z. B. Spiele in die Gestaltung eines immersiven Wunderlands einbezogen, und dreidimensionale Illustrationen versetzten den Besucher wirklich in die viktorianische Zeit zurück.

Museen können das Metaverse ebenfalls nutzen, um Bildung interessanter zu gestalten oder sogar, um besondere Privilegien zu schaffen. Immersive Erlebnisse können dafür sorgen, dass diejenigen, die etwas Neues lernen möchten, den Entstehungsprozess eines Gemäldes und die verwendeten Techniken im wahrsten Sinne des Wortes erfahren können. Es ist auch möglich, historische Ereignisse, die in einem Gemälde verewigt wurden, an diesem Ort noch einmal zu erleben.

Non-Fungible Castle, Prag

3.0 Labs ist eine Partnerschaft mit der Lobkowicz-Burg in Prag ein-gegangen, um die Ausstellung »Non-Fungible Castle« zu gestalten. Obwohl es sich um eine physische Ausstellung handelte, bei der NFT-Kunst mit jahrhundertealten Gemälden gezeigt wurde, öffnete dieses Event die Türen für weitere Digital-Kooperationen mit ande-ren Museen und Stätten des Kulturerbes. Dabei spielte die bedeu-tende Sammlung und Geschichte des Schlosses eine große Rolle, da es für die anderen Kunstinstitute ein geeigneter Ort war, um zu sehen, wie Tradition und Geschichte aus der realen Welt mit der digitalen Welt kombiniert werden können.

Es gibt für Museen und Galerien also verschiedene Möglichkeiten, wie man eine Metaverse-Strategie umsetzen kann. Einige bekannte Muse-en beschäftigen sich mit der Abbildung des Gebäudes und der Samm-lung in einer exakten Darstellung mithilfe eines Digital Twins. Gerade bei ikonischer Architektur oder großer Reputation wird dies stark fa-vorisiert. Kleinere Kunstgalerien könnten sich jedoch dafür entschei-den, einen anderen Weg zu gehen und keine digitale Darstellung der Räume zu erstellen. Stattdessen könnten diese Galerien das Metaverse für digitale Kunstinstallationen, VR- oder NFT-Ausstellungen nutzen.

SOPRG, Prag

Die NFT-Kunstgalerie SOPRG aus Prag hat sich entschieden, in ein Grundstück auf der Plattform »Somnium Space« zu investieren und dort auszustellen. Für die Galerie stellt dies die authentischste Art dar, sich zu präsentieren, da sie eine bedeutende Rolle in der neu-en NFT-Kunstwelt spielt und in ihrer Art der Kunstpräsentation die Verbindung zum Metaverse offensichtlich ist. So könnten Museen und Kunstgalerien die Vorreiter für die breite Akzeptanz des Meta-verse sein.

Weitere Branchen

Das Metaverse hat das Potenzial, eine Vielzahl von Branchen zu revolutionieren. Obwohl es sich derzeit noch in der Entwicklungsphase befindet, sollen einige der Auswirkungen kurz betrachtet werden.

In den folgenden Branchen kann die virtuelle Realität für eine Vielzahl von Anwendungen eingesetzt werden, darunter für Ferndiagnose und -reparatur, telemedizinische Beratung, Entwurf und Prototyping von Energie- und Chemieanlagen, Training und Simulationen, Umwelterziehung, Transport- und Logistikschulung sowie Lagerplanung und Optimierung. Insgesamt hat XR das Potenzial, die Effizienz und Effektivität dieser Branchen erheblich zu verbessern und sie gleichzeitig für ihre Kunden interessanter und attraktiver zu machen.

Dienstleistungen

Vor allem für die Dienstleistungsbranche ergeben sich großartige Möglichkeiten. Beispielsweise können traditionelle Handwerker wie Klempner und Elektriker Probleme in den realen Häusern mithilfe von Virtual-Reality-Technologie aus der Ferne diagnostizieren und beheben. Dies wäre nicht nur weitaus bequemer für die Kunden, sondern könnte auch dazu beitragen, den CO_2-Fußabdruck zu verringern, die derzeit für persönliche Termine lange Strecken zurücklegen müssen.

Energie und Chemie

Auch die Energie- und Chemiebranche dürfte von der Nutzung des Metaverse auf Dauer erheblich profitieren. So können Unternehmen beispielsweise Virtual-Reality-Simulationen nutzen, um neue Energietechnologien wie Wind- und Solarparks zu konstruieren, zu testen und zu optimieren, bevor sie in der realen Welt gebaut werden. Dies wird Zeit und Geld sparen, da mögliche Probleme bereits im Vorfeld erkannt werden.

Speziell in der chemischen Industrie könnte die virtuelle Realität für die Aus- und Weiterbildung genutzt werden, damit die Mitarbeiter die Eigenschaften und den Umgang mit gefährlichen Stoffen in einer sicheren und kontrollierten Umgebung erlernen können. Sie könnte auch für Design und Prototyping eingesetzt werden, sodass Ingenieure neue chemische Verarbeitungsanlagen visualisieren und testen können, bevor sie gebaut werden.

Luft- und Raumfahrt

In der Luft- und Raumfahrtindustrie sind die Auswirkungen von immersiven Anwendungen besonders gut zu sehen. So setzt die NASA bereits seit vielen Jahren XR-Technologien für die Ausbildung von Astronauten ein, die damit Weltraumspaziergänge und weitere Aufgaben simulieren können. Bei der Ausbildung und Simulation von Missionen wird die virtuelle Realität künftig eine immer größere Rolle spielen.

Extended Reality eignet sich auch für die Entwicklung und Erprobung neuer Weltraumtechnologien. Ingenieure können VR nutzen, um neue Konstruktionen für Flugzeuge zu visualisieren und zu testen oder die Bedingungen zu simulieren, denen ein Raumschiff während einer Weltraummission ausgesetzt wird. Der Einsatz von VR in der Entwicklung wurde bereits bei der Konstruktion der Marsrover Curiosity und Perseverance sowie beim Mondrover Rashid und dem Landemodul Hakuto-R 1 verwendet.

Auch Kampfjet-Piloten verwenden seit Jahren AR-Technologie in ihren Helmvisieren und Frontscheiben ihrer Cockpits. Dabei werden wichtige Zusatzinformationen, die sich im direkten Sichtfeld des Piloten befinden sollten, auf das Visier und die Scheibe projiziert, ähnlich wie es schon seit Jahren mit Head-up-Displays in Autos geschieht.

Nichtstaatliche Organisationen (NGOs)

Organisationen wie Greenpeace oder Sea Shepherd können ebenfalls von der Nutzung des Metaverse profitieren. So nutzen sie bereits heute VR, um immersive Bildungserlebnisse zu schaffen und auf anschauliche und interaktive Weise über Umweltthemen zu informieren. Auf diese Weise können Interessierte an der Aufklärung zu umweltpolitischen Themen teilnehmen, als ob sie selbst direkt dabei wären. Dies kann besonders nützlich sein, um jüngere Zielgruppen zu erreichen, die mit virtueller Realität eher vertraut sind und sich dafür interessieren.

Verkehr und Logistik

Die Transport- und Logistikbranche ist ein weiterer Bereich, in dem die virtuelle Realität einen großen Einfluss haben könnte. Unternehmen könnten beispielsweise VR-Simulationen für die Schulung von Fahrern und anderen Transportfachleuten einsetzen, damit diese in einer sicheren und kontrollierten Umgebung Fähigkeiten wie das Rückwärtsfahren von Anhängern oder das Navigieren durch belebte Straßen üben können.

In der Logistikbranche kann immersive Technologie für die Gestaltung und Optimierung von Lagern eingesetzt werden, sodass Unternehmen neue Anlagen und Prozesse visualisieren und testen können, bevor sie in der realen Welt umgesetzt werden. Diese Technologien können auch in der Aus- und Weiterbildung, z. B. zur Information hinsichtlich der ordnungsgemäßen Beladung von Fahrzeugen oder zum Gefahrguttransport, eingesetzt werden. So kann Mitarbeitern wichtiges Wissen auf ansprechendere Weise nähergebracht werden.

Starten Sie jetzt!

Moderne innovative Unternehmen sollten schon jetzt kreativ darüber nachdenken, wie sie das Metaverse für sich und ihre Kunden nutzen können, um sich in einem zunehmend wettbewerbsintensiven Markt abzugrenzen. Unternehmen, die sich frühzeitig an der Entwicklung des Metaverse beteiligen, haben einen eindeutigen Wissensvorsprung und Wettbewerbsvorteil, der es ihnen ermöglicht, mehr Anteil am verfügbaren Markt und an der Kultur des Metaverse zu haben, wenn es sich in wenigen Jahren zum Mainstream entwickelt.

Wie Sie Ihr Unternehmen ins Metaverse bringen können, zeigen wir Ihnen in den nächsten Kapiteln. Zunächst erarbeiten wir mit Ihnen in Kapitel 7 eine Strategie, um dann im Praxis-Kapitel 8 konkret zu werden.

7. Unternehmensstrategie im Metaverse

Wie bringe ich mein Unternehmen, meine Produkte oder Dienstleistungen in das Metaverse? Wo fange ich an, wie gehe ich professionell vor und wie vermeide ich Fehler? Diesen Fragen gehen wir in diesem Kapitel nach.

Die Kunst wird darin bestehen, neue Erlebnisse zu schaffen, die Ihre Zielgruppe begeistern und bestenfalls einen echten Mehrwert bieten. Was genau das sein kann, hängt selbstverständlich von Ihrer Branche und Ihren Angeboten sowie Ihrem Erfindungsreichtum und Ihrer Kreativität ab.

Eine perfekte Schritt-für-Schritt-Anleitung für die Entwicklung eines Metaverse-Projekts gibt es nicht. Dafür sind die Anwendungsmöglichkeiten zu vielfältig, die Zielgruppen zu unterschiedlich und die Anforderungen der jeweiligen Unternehmen und Branchen zu einzigartig. Oftmals ist der grundlegende Ansatz und Aufbau einer Metaverse-Strategie jedoch ähnlich.

Um Ihnen den Einstieg zu erleichtern, geben wir in diesem Kapitel einen einfachen Überblick über die einzelnen Projektphasen, die für die meisten Anwendungsfälle geeignet sind.

Aufbau einer Metaverse-Strategie

Bei allen Planungen sollten der Ursprung und die DNA des eigenen Unternehmens nicht außer Acht gelassen werden. Das eigene Image des Unternehmens spiegelt sich vor allem in der Vision und der Mission wider.

Dabei ist die **Vision** das, was Ihr Unternehmens erreichen will.

Die **Mission** ist eine Aussage darüber, wie Ihr Unternehmen Ihre Vision erreichen will.

Die **Strategie** entsteht durch eine Reihe von Möglichkeiten, die Mission zu nutzen, um die Vision zu verwirklichen. Die Metaverse-Strategie sollte sich daher in das Leitbild des Unternehmens einfügen, das von der Vision und der Mission geprägt ist.

Wie so oft gilt auch im Metaverse: Der Weg ist das Ziel. Durch den Ansatz von »Test & Learn« kann der Fortschritt, der zur (Teil-)Strategie passt, iterativ erreicht werden. Die Innovationsmethode »Trial & Error«, die die Grundlage von »Test & Learn« bildet, ist ein wichtiges Werkzeug, um eine neue Welt wie das Metaverse zu erkunden, sie mit ihren Facetten zu verstehen und schließlich für sich zu nutzen. »Trial & Error« ist das Mittel, ohne das Innovation nicht möglich ist.

Offenes oder geschütztes Metaverse?

Um diesen Methoden und Anforderungen gerecht zu werden, ist es sinnvoll, sich zu Beginn des Strategieentwicklungsprozesses die primäre Frage zu stellen:

»Soll sich mein Unternehmen offen im Metaverse präsentieren? Für alle sichtbar und mit allen Konsequenzen (aus der Interaktion der Nutzer)? Oder braucht mein Unternehmen eine geschlossene Umgebung, in der man in einer ›geschützten‹ Umgebung mit Geschäftspartnern und Mitarbeitern in Kontakt treten kann?«

Nicht selten wird das geschützte Konzept als Einstieg in das Metaverse gewählt, insbesondere wenn noch nicht genügend Know-how und

Erfahrung im Unternehmen vorhanden ist. Auf diese Weise können Sie das, was Sie testen wollen, in kleinen Schritten mit verschiedenen Zielgruppen ausprobieren und daraus lernen – Fehler inklusive.

Auch bei dem Wunsch nach einer Intranet-ähnlichen, aber dennoch immersiven Umgebung, in der möglicherweise intellektuelles Eigentum (IP = Intellectual Property) oder spezifische oder sensible Themen besprochen werden, wird die Umsetzung mit hoher Wahrscheinlichkeit auf die geschlossene Variante fallen. Anwaltskanzleien, Beratungsfirmen, Design- oder Ingenieurbüros würden sich daher wahrscheinlich für diese Form des Metaverse entscheiden.

Wenn der Plan des Unternehmens hohe Reichweite, wachsende Markenbekanntheit und letztlich auch ein neuer Umsatzkanal ist, wird die Wahl auf das offene Metaverse fallen. Unternehmen, die ihre Marken bereits bewerben oder in traditionellen Kanälen bekannt sind, werden meist diese Variante wählen.

Das 4-Phasen-Modell

Der Einstieg eines Unternehmens in das Metaverse sollte, wie jedes andere Projekt auch, in Phasen erfolgen:

1. Identifizieren von Chancen
2. Definition von Use Cases
3. Planung konkreter Lösungen
4. Realisierung

Auch wenn jede Branche und jedes Unternehmen unterschiedliche Herausforderungen, Zielgruppen und Anforderungen hat, so ist die grundlegende Struktur einer Strategie oftmals ähnlich.

Diese Phasen wenden wir gleich auf Ihr Unternehmen an; wir stellen sie Ihnen hier zunächst vor:

Phase 1: Identifizieren von Chancen

- Erleben und entdecken Sie viele verschiedene Metaverse Plattformen, Anwendungen und Spiele.
- Experimentieren, lernen und sammeln Sie eigene Erfahrungen.
- Beobachten, analysieren und bewerten Sie den Markt, Ihre Branche, Ihre Mitbewerber sowie bestehende Projekte. (Schauen Sie hier über den eigenen Tellerrand hinaus und lassen Sie sich auch von anderen Branchen inspirieren.)

Phase 2: Definition von Use Cases

- Evaluieren Sie Einsatzmöglichkeiten für Ihr Business.
- Definieren Sie Ihre Zielgruppen.
- Entwerfen Sie verschiedene Anwendungsfälle. (Idealerweise sollte dies im Rahmen eines Workshops und gemeinsam mit Ihrem Team mit Experten erfolgen.)

Phase 3: Planung konkreter Lösungen

- Definieren Sie ein und mehrere Pilotprojekte.
- Klären Sie Ihre Ressourcen (Zeit, Personal, Budget).
- Erstellen Sie einen klaren Projektplan mit Umfang, Aufgaben und S.M.A.R.T.en Zielen (spezifisch, messbar, attraktiv, realistisch, terminiert).
- Konsultieren Sie Spezialisten oder Dienstleister für die jeweiligen Gewerke (Konzeption, Design, Produktion etc.).
- Legen Sie messbare KPIs (Key Performance Indicators, zu Deutsch: Leistungsindikatoren und Kennzahlen) fest, an denen Sie den Erfolg des Projektes messen können.

Phase 4: Realisierung

- Starten Sie mit der Umsetzung kleinerer Pilotprojekte.
- Testen Sie die Ergebnisse frühzeitig mit verschiedenen Nutzergruppen und unter unterschiedlichen Bedingungen.
- Laden Sie interne und externe Beta-Tester ein.
- Nutzen Sie jedes Feedback zur Optimierung.
- Lancieren Sie Ihr Projekt in Phasen.

- Messen Sie so viele KPIs wie möglich und optimieren Sie Ihr Projekt kontinuierlich.

Der Entwicklungsprozess ist iterativ, d. h., durch fortlaufende Optimierungen nähern Sie sich Ihrer individuellen Lösung Schritt für Schritt an. Selbstverständlich kann und sollte jede der oben genannten Phasen und Punkte in zusätzliche Unterprozesse und Aufgaben aufgeschlüsselt werden.

Ihre eigene Metaverse-Strategie

Wie Sie in den vorherigen Kapiteln erfahren haben, gibt es bereits heute zahlreiche Möglichkeiten, Metaverse- und Web3-Technologien im Unternehmensumfeld einzusetzen. Auch wenn jede Branche und jedes Unternehmen unterschiedliche Herausforderungen, Zielgruppen und Anforderungen hat und es viele Anwendungsmöglichkeiten gibt, so ist die grundlegende Struktur einer Strategie oftmals ähnlich. So hat beispielsweise ein bekannter Markenhersteller andere Bedürfnisse und Möglichkeiten als eine Anwaltskanzlei oder ein Automobilzulieferer. Für den Ersteren stehen die Marke und das Kundenerlebnis im Vordergrund, für den Zweiten die rechtlichen Aspekte des Metaverse und für das Industrieunternehmen wahrscheinlich die Optimierung der internen Forschungs- und Logistikprozesse, aber sicher auch der Abverkauf.

Ziele Ihres Unternehmens im Metaverse könnten z. B. sein:

- Sie wollen Ihre Produkte dreidimensional in Szene setzen und Ihren Kunden eine neue Möglichkeit bieten, Ihre Marken- und Produktwelt zu entdecken und Produkte virtuell zu kaufen.
- Sie wollen interne Prozesse optimieren, beispielsweise im Bereich Weiterbildung, in der Entwicklung, Konstruktion oder bei der Zusammenarbeit Ihrer Teams.
- Sie wollen sich oder Ihre Marke als innovatives Unternehmen positionieren, indem Sie einen spannenden Marketing-Case präsentieren und hierfür vielleicht eigene NFTs bereitstellen, Kryptowährung als Bezahlmöglichkeit anbieten oder einen

eigenen Kanal auf Discord schaffen, um sich enger mit Interessierten zu verbinden und auszutauschen.

- Sie wollen Ihr Loyalty-Programm aufwerten, um wiederkehrenden Kunden einen echten Anreiz für die wiederholte Nutzung Ihres Produkts oder Ihrer Dienstleistung anzubieten.
- Sie wollen eine Community aufbauen, um eine interaktive Kundenbeziehung zu etablieren und zu pflegen.
- Sie wollen mit eigenen Token bzw. NFTs die Finanzierung eines Projekts oder einer Expansion bewerkstelligen.
- Sie wollen einen neuen E-Commerce-ähnlichen Umsatzkanal in Ihrem Omnichannel etablieren, der durch mehr Datenpunkte detailliertere Lerneffekte für die Zukunft bietet.

Zu Beginn sollten Sie Ihre aktuellen Herausforderungen im eigenen Unternehmen und Ihrer Branche evaluieren, um festzustellen, welche Anwendungsfälle den größten potenziellen Nutzen bieten.

Phase 1: Identifizieren von Chancen

Zunächst einmal sollten Sie so viel wie möglich selbst ausprobieren und eigene Erfahrungen sammeln. Wenn Sie ein gutes Verständnis für das Metaverse sowie die grundlegenden Technologien gewonnen haben, werden Sie sicherlich schnell eigene Ideen entwickeln, wie Sie das Metaverse professionell einsetzen könnten.

Erster Workshop

Der beste Weg, um neue Ideen zu entwickeln und Anforderungen der unterschiedlichen Abteilungen zu sammeln, zu bewerten und zu priorisieren, ist ein Workshop. Im Idealfall kann Sie hier ein externer Metaverse-Experte als Workshopleiter unterstützen.

Die folgenden Fragen und die Aufstellung sollen Ihnen einen ersten Ansatz liefern, Ihrerseits die richtigen Fragen zu stellen. Ergänzen Sie unsere Liste gern mit Ihren eigenen Kernpunkten, und ganz wichtig: Seien Sie offen, kreativ und denken Sie daran, dass es keine falschen Fragen gibt.

In einem ersten Workshop sollten Sie folgende Fragen beantworten, um die Chancen und Möglichkeiten zu evaluieren:

- Welchen Einfluss können Metaverse- und Web3-Technologien auf unser Unternehmen, unsere Produkte oder unsere Dienstleistung haben?
- Welche strategischen Unternehmensziele können wir damit aktiv unterstützen?
- Was gibt es für Use Cases aus unserer Branche sowie aus anderen Bereichen?
- Was machen unsere Mitbewerber?
- Was machen sie gut bzw. weniger gut?
- Was können wir daraus lernen bzw. adaptieren?

Management

Es ist wichtig, die Entscheidungsträger im Unternehmen frühzeitig für das Metaverse zu sensibilisieren, sie zu inspirieren und zu begeistern und alle auf einen aktuellen Wissenstand zu bringen. Das Ziel ist dabei der Aufbau eines gemeinsamen Verständnisses des Metaverse und des Web3, ihrer Potenziale, Möglichkeiten wie auch ihrer Grenzen und Risiken.

Vermitteln Sie Ihrem Management klar und deutlich, dass das Metaverse die nächste Generation des Internets darstellt und dass es wichtig ist, sich bereits jetzt ernsthaft und intensiv damit auseinanderzusetzen, um den Anschluss nicht zu verpassen.

Präsentation und Demonstration

Ihre Präsentation sollte idealerweise folgende Struktur und Inhalte haben:

- Definition des Metaverse
- Wichtige Kennzahlen und Fakten zum Markt
- Anschauliche Vorstellung der Technologien (VR/AR/MR, Avatare, Blockchain, Kryptowährungen, NFTs etc.)
- Wichtige Akteure im Markt (Meta, Microsoft, Apple etc.)
- Spannende Best Cases (bestenfalls von Mitbewerbern)
- Wenn möglich: praktisches Hands-on mit einer XR-Brille und passenden Beispielen

Zielsetzung

Ihr Management sollte das Thema verstehen, das Potenzial und die Marktrelevanz erkennen und grünes Licht für die nächste Phase geben.

Phase 2: Definition von Use Cases

In der zweiten Phase geht es darum, konkrete Anwendungsfälle zu definieren. Hierzu sollten Sie wieder ein kleines interdisziplinäres Arbeitsteam aus mehreren Fachabteilungen zusammenstellen.

Zweiter Workshop

In einem zweiten Workshop sollten Sie und Ihr Team folgende Fragen beantworten, um konkrete Use Cases zu definieren:

- Welche Einsatzmöglichkeiten und welchen Nutzen gibt es für uns und unsere internen Prozesse?
- Welchen Nutzen und Mehrwert haben unsere Mitarbeiter davon?
- Welche Möglichkeiten bieten sich, um uns, unsere Produkte oder Leistungen besser zu präsentieren und dem Kunden (auf eine neue immersive Art) näher zu bringen?
- Welchen Nutzen und Mehrwert haben unsere (neuen) Kunden davon?
- Wie messen wir den Erfolg und welche KPIs sind für unser Unternehmen relevant?

Phase 3: Planung konkreter Lösungen

In der dritten Phase sollten konkrete Lösungsansätze und bestenfalls kleine Test-Projekte definiert werden.

Dritter Workshop

Im dritten Workshop sollten Sie folgende Fragen beantworten, um die Umsetzung zu planen:

- Welche personellen, budgetären und zeitlichen Ressourcen stehen uns zur Verfügung?
- Welche internen Synergien können wir nutzen?
- Welche externen Partner können uns unterstützen?

- Wo sehen wir die größten Herausforderungen und wie können wir ihnen entgegenwirken?
- In welchem realistischen Zeitrahmen können wir das Projekt umsetzen?
- Wie sieht ein Zeit-, Projekt- und Investitionsplan aus?

Weitere Fragen:

- Wie kann ich unser Unternehmen oder unseren Geschäftsbereich als Innovationsführer und Trendsetter positionieren?
- Kann ich aus dem Projekt ggf. einen Marketing- und PR-Case für interne oder externe Zwecke entwickeln?
- Was wäre das Worst-Case-Szenario?

Zielsetzung

Sammeln und diskutieren Sie das Feedback aus Ihrem Workshops, bewerten und priorisieren Sie die Ergebnisse zusammen mit Ihrem Team, treffen Sie klare Entscheidungen und definieren Sie die nächsten Schritte, einen Zeitplan sowie die Verantwortlichkeiten.

Phase 4: Realisierung

Nachdem zunächst die Chancen und Möglichkeiten evaluiert, konkrete Anwendungsfälle definiert und bestenfalls sogar konkrete Lösungsansätze festgelegt wurden, geht es im letzten Schritt um die konkrete Umsetzung der ersten Testprojekte. Die folgenden Schritte sind naturgemäß von den zuvor definierten Resultaten und Entscheidungen abhängig und können in diesem Buch nicht weiter erläutert werden:

- Beschreiben Sie das Projekt und das gewünschte Ergebnis so genau wie möglich.
- Erstellen Sie einen detaillierten Investitions-, Ressourcen-, Technik-, Personal- und Zeitplan.
- Definieren Sie, welche Technik und Plattformen Sie verwenden wollen.
- Definieren Sie klare Verantwortlichkeiten.
- Arbeiten Sie mit erfahrenen Profis zusammen.
- Tauschen Sie sich regelmäßig untereinander aus.

- Haben Sie viel Spaß und Freude bei der Umsetzung.
- Lassen Sie sich von Rückschlägen nicht entmutigen.
- Denken Sie daran, dass Sie Pionierarbeit leisten.

Zusammenfassung

Den perfekten Leitfaden für die Entwicklung eines Metaverse-Projekts gibt es nicht. Aber der Aufbau und die Struktur einer Metaverse-Strategie ist oft ähnlich. Daher hat sich folgende Vorgehensweise bewährt:

- Nutzen Sie das vorgestellte 4-Phasen-Modell sowie die Fragen, um den ersten Schritt zu machen.
- Workshops sind eine effektive Methode, um neue Ideen zu entwickeln und die Anforderungen der Geschäftsbereiche zu sammeln, zu bewerten und zu priorisieren.
- Der Profit sollte in dieser frühen Evaluationsphase nicht im Vordergrund stehen. Es geht zunächst darum, dieses »Neuland« zu entdecken, es zu erforschen und die ersten Schritte zu tun.

Das optimale Team

Kreative Köpfe und ein gutes Team sind die treibende Kraft hinter dem Auf- und Ausbau des Metaverse. Sie sind es, die neue Ideen, Geschichten und Welten erfinden, gestalten und realisieren.

Ein Metaverse-Projekt erfordert immer die Zusammenarbeit von Experten aus verschiedenen Bereichen mit unterschiedlichen Fähigkeiten. Um das optimale Team zusammenzustellen, sollten die folgenden Fachgebiete berücksichtigt werden: Strategie, Konzeption, Storytelling, Text, Fotografie, Video, 3D, Design, UX/UI, Technologie, Programmierung, Marketing, Vertrieb, Projektmanagement, Support, IT-Betrieb, Recht und Finanzen.

Das Team sollte bestmöglich divers sein und Mitarbeiter aus unterschiedlichen Kulturen, Altersschichten, Geschlechtern und Fähigkeiten umfassen. Gute Kommunikation und Zusammenarbeit sollten ebenso selbstverständlich sein wie Flexibilität, Lernbereitschaft und die Begeisterung für neue und unerforschte Welten wie z.B. das Metaverse.

Sie müssen das Rad nicht immer neu erfinden und nicht alle Fehler selbst machen. Daher ist es gerade am Anfang sehr sinnvoll, Metaverse-Experten zurate zu ziehen, die Sie und Ihr Team mit Erfahrung und Know-how aktiv unterstützen können.

8. Praxis: Ihr Einstieg ins Metaverse

$\int$ ie lesen dieses Buch. Das heißt, Sie sind neugierig und haben beschlossen, sich aktiv mit dem Metaverse zu beschäftigen. Damit sind Sie den meisten bereits jetzt einen riesigen Schritt voraus! Aus den vorangegangenen Kapiteln haben Sie sicher erkannt, dass das Metaverse in seinen ganzen Möglichkeiten noch nicht existiert. Da wir in einer Welt exponentiellen Wachstums leben, in der die technologische Entwicklung immer schneller voranschreitet und jeden Tag neue Möglichkeiten hinzukommen, können Sie sich jedoch sicher sein, dass Sie auf keinen Fall zu früh dran sind.

Wir haben Ihnen im vorigen Kapitel versprochen, Ihnen bei Ihrem Start ins Metaverse behilflich zu sein. Und jetzt geht es los:

Wie starten Sie ins Metaverse?

Im Grunde ist es ganz einfach, das Metaverse zu entdecken. Zahlreiche Elemente haben längst Einzug in unseren Alltag gefunden, wie etwa das dezentrale und kollaborative Arbeiten über MS Teams, Zoom oder Slack.

Wenn Sie selbst gerne Computerspiele auf einer Videokonsole oder einem PC spielen, dann sind Ihnen virtuelle Welten, Avatare und Multiplayer sicher längst bekannt. Als Nutzer sozialer Medien sind Sie zweifellos mit den Augmented-Reality-Funktionen von Instagram, TikTok oder Snapchat vertraut, mit denen Sie Filter über Ihr Gesicht legen oder virtuelle Hintergründe, Outfits oder Sonnenbrillen ausprobieren können.

Doch die beste Möglichkeit, das Metaverse zu erleben und den faszinierenden, immersiven Charakter selbst zu spüren, ist mit einer modernen VR-Brille. Man kann die virtuelle Realität beschreiben oder Bilder und Videos darüber ansehen, aber nichts ersetzt die tatsächliche Erfahrung. Erst wenn Sie es selbst erlebt haben, werden Sie feststellen, dass es tatsächlich möglich ist, die reale Umgebung innerhalb weniger Sekunden zu vergessen.

Um sich auf die Welt des Metaverse einzustimmen, lohnt es sich, zunächst einen Film, ein Video und vielleicht sogar ein klassisches Science-Fiction-Buch anzusehen:

- Der Blockbuster *Ready Player One* zeigt eindrucksvoll, was VR ist und wie eine (wenn auch dystopische) Metaverse-Welt mit Avataren aussehen könnte.
- Um die zukünftige Vision und Strategie von Meta zu verstehen, sehen Sie sich die Metaverse-Keynote an. Suchen Sie auf YouTube nach *Mark Zuckerberg Connect 2021*.
- Lesen oder hören Sie den spannenden Cyberpunk-Roman *Snow Crash* von Neal Stephenson.

Nun wird es praktisch. Je nachdem, welches Gerät Sie bereits nutzen, können Sie direkt loslegen:

Möglichkeit 1: mit VR-Brille

Für ein wirklich immersives Erlebnis und intensives Entdecken des Metaverse ist eine VR-Brille die allerbeste Wahl – organisieren Sie sich bestenfalls ein aktuelles Meta Quest VR-Headset oder eine vergleichbare VR-Brille. Am einfachsten ist es, Freunde oder Kollegen zu fragen, die bereits eine VR-Brille haben. Wenn Sie es ernst meinen und direkt einsteigen möchten, bestellen Sie sich online eine aktuelle Meta Quest oder alternativ ein PICO VR-Headset und legen Sie direkt los.

Es gibt eine Vielzahl von Hardware-Zubehör und Erweiterungen für die virtuelle Realität, von eher traditionellen Extras wie Ladestationen, Akku-Packs, Kopfbügeln, Taschen, Schutzhüllen für VR-Headsets bis hin zu haptischen VR-Systemen wie Handschuhen, Anzügen und Westen, die haptische, also spürbare Empfindungen wie Berührung durch Motoren, Druckluft oder Stromimpulse simulieren können. Es gibt exotische Hilfsmittel wie VR-Tastaturen, VR-Mäuse, VR-Fußcontroller bis hin zu synchronisiertem VR-Sexspielzeug für Singles oder Paare in Fernbeziehungen. Die richtige Auswahl hängt von den Anforderungen und Wünschen des Nutzers ab.

Schaffen Sie an Ihrem Standort etwa 2 × 2 Meter Platz, damit Sie sich frei bewegen können.

Laden Sie innerhalb der Brille eine VR-Anwendung Ihrer Wahl, wie z. B. Multiverse, YouTube 360° oder BRINK Traveller.

Tauchen Sie in VR ein und erleben Sie eine totale Immersion in einem dreidimensionalen Raum.

Möglichkeit 2: mit Desktop-Rechner

Öffnen Sie z. B. den Google Chrome Browser. Gehen Sie zu *https:// play.decentraland.org*. Registrieren Sie sich als Gast oder per Wallet. Erstellen Sie einen Avatar und tauchen Sie in eine einfache Version des Metaverse ein. Laufen Sie herum, entdecken Sie die Welt, sprechen Sie andere Avatare an und interagieren Sie mit Ihrer Umgebung.

Unter *https://demo.corporate-metaverse.com* können Sie eine virtuelle Business-Konferenz erleben. Entdecken Sie die Welt, beamen Sie sich zu verschiedenen Orten und stellen Sie sich vor, Sie würden das nicht nur auf einem flachen Bildschirm sehen, sondern Sie selbst wären der Avatar und somit mittendrin im Geschehen.

Möglichkeit 3: mit Smartphone oder Tablet

Nehmen Sie Ihr Smartphone oder Tablet, gehen Sie in den App Store und downloaden Sie sich einige AR-Apps wie beispielsweise Snapchat, IKEA Place, Star Walk oder Visualax.

Auf den Websites *www.apple.com/augmented-reality* und *https://arvr. google.com* finden Sie viele spannende AR- und VR-Anwendungen zum Ausprobieren.

Möglichkeit 4: mit der Spielkonsole

Wenn Sie eine Spielkonsole besitzen, wie eine PlayStation oder Xbox, sind Sie mit 3D-Multiplayer-Spielen und Avataren sicherlich bereits vertraut. Wenn Ihre Kinder eine Spielkonsole im Haushalt haben, lassen Sie sich von ihnen Fortnite, Roblox oder Minecraft zeigen. Hier können Sie ausprobieren, mit einem Avatar durch virtuelle Welten zu gehen, mit anderen Mitspielern kreativ neue Welten zu erschaffen und sich gemeinsam verschiedenen Abenteuern zu stellen.

Hilfreiche Tools, Plattformen und Links

Sie haben sich mit dem Metaverse vertraut gemacht und »Ihre« Form des Einstiegs gefunden. Je nachdem, was Sie im Metaverse als Erstes angehen möchten bzw. was Sie interessiert, finden Sie hier eine Sammlung kreativer Apps, Software und Plattformen, die Ihnen die ersten Schritte in das neue Internet erleichtern werden.

Tools und Plattformen

- **Video und Streaming**
  Tools: Adobe Premiere, OBS, InShot, Vimeo Create, iMovie
  Plattformen: YouTube, Vimeo, Facebook, TikTok, Twitch

- **Design und Fotografie**
  Tools: Adobe Express, Canva, Afterlight, VSCO, Facetune
  Plattformen: Behance, Pinterest, Pixabay, Unsplash, Fiverr

- **Musik und Podcast**
  Tools: Ableton Live, GarageBand, Adobe Audition
  Plattformen: Spotify, iTunes, Soundcloud, Envato Elements

- **Schreiben**
  Tools: ChatGPT, Papyrus Autor, Substack, Ghost, Scrivener
  Plattformen: Medium, Quora, Substack, Revue, Twitter

- **3D**
  Tools: Blender, SketchUp, Zbrush
  Plattformen: GrabCAD, TurboSquid, Shapeways

- **Websites, Blogs, Shops**
  Tools: WordPress, Jimdo, Wix
  Plattformen: WordPress, Shopify, Etsy, OpenSea

Link-Empfehlungen

Im Folgenden haben wir eine Liste der wichtigsten Websites und Plattformen zusammengestellt, die wir in unserem Buch erwähnt haben,
sowie weitere Websites und Plattformen, um tiefer in das Thema ein-
zusteigen. Unter *www.metaverse-buch.de/links* oder über
den QR-Code finden Sie diese sowie weitere aktuelle
Links direkt zum Anklicken.

Metaverse-Plattformen
- The Sandbox: *https://sandbox.game*
- Horizon Workrooms: *www.meta.com/work/workrooms/*
- Horizon Worlds: *https://oculus.com/horizon-worlds*
- NVIDIA Omniverse: *https://nvidia.com/omniverse*
- Somnium Space: *https://somniumspace.com*
- WaveXR: *https://wavexr.com*

VR- und AR-Anbieter
- Meta Quest: *www.oculus.com*
- Microsoft HoloLens: *www.microsoft.com/hololens*
- Pico: *www.picoxr.com*
- Magic Leap: *www.magicleap.com*
- HTC Vive: *www.vive.com*
- HP Reverb: *www.hp.com/reverb*
- Varjo: *www.varjo.com*
- Sony: *www.playstation.com/ps-vr/*
- Apple AR: *www.apple.com/augmented-reality/*
- Google: *https://vr.youtube.com*
- Meta Reality Labs: *www.meta.com/RealityLabs/*
- Snap: *https://ar.snap.com*
- Insta360: *www.insta360.com*

Metaverse-Spiele

- Roblox: *www.roblox.com*
- Fortnite: *www.epicgames.com/fortnite*
- Minecraft: *www.minecraft.net*
- Axie Infinity: *www.axieinfinity.com*
- Illuvium: *www.illuvium.io*

Avatare

- Ready Player Me: *www.readyplayer.me*
- MetaHuman: *metahuman.unrealengine.com*
- Imvu: *www.imvu.com*
- Zepeto: *app.zepeto.me*
- Landrocker: *https://landrocker.io/avatar-maker*
- Noitom: *www.noitom.com*
- Hero Forge: *www.heroforge.com*

NFT-Marktplätze & Tools

- Open Sea: *https://opensea.io*
- LooksRare: *looksrare.org*
- Launchpad: *https://nftlaunchpad.com*
- Rarible: *rarible.com*
- SuperRare: *superrare.com*
- Nifty Gateway: *niftygateway.com*
- NFT Price Floor: *nftpricefloor.com*

Marken im Metaverse (Auswahl)

- Adidas: *www.adidas.com/metaverse*
- Coca-Cola: *https://maketafi.com/coca-cola-nft*
- Gucci: *https://vault.gucci.com/it-US/story/metaverse*
- Nikeland: *www.roblox.com/nikeland*
- BMW: *www.joytopia.com*
- Holoride: *www.holoride.com*
- Yuga: *www.yuga.com*

News-Seiten zum Thema Metaverse AR/VR

- MIXED – News zu VR, AR und KI: *mixed.de*
- XR Today: *www.xrtoday.com*
- t3n Metaverse News: *t3n.de/tag/metaverse/*

Metaverse Podcasts

- Thomas Riedel: *www.metaverse-podcast.de*
- Dr. Teo Pham: *www.teo.net/podcast/*
- The Metaverse Podcast: *https://outlierventures.podbean.com*
- Luke Franks: *www.anchor.fm/metaverse/*

Mit dem Metaverse-Baukasten zur eigenen Präsenz

Der einfachste und schnellste Weg, Ihr eigenes Corporate Metaverse oder eine eigene virtuelle Welt aufzubauen, ist ein sogenannter Metaverse-Baukasten. In der Regel handelt es sich dabei um eine webbasierte Software oder App, die man sich wie ein Content-Management-System (CMS) vorstellen kann, das man zur Entwicklung und Pflege von Websites verwendet. Quasi ein WordPress für das Metaverse.

Wie bei einem CMS üblich, startet man mit einem Template, das bereits Grundelemente sowie wichtige Komponenten und Funktionen enthält. Die meisten Baukästen bieten Standard-Vorlagen für Umgebungen und Räume, wie z.B. Messen, Meetingräume, Geschäfte, Büros oder Ausstellungsräume, die man an die eigenen Bedürfnisse anpassen kann. Dazu kommen vorgefertigte 3D-Objekte und Einrichtungsgegenstände wie Fenster, Türen, Schränke, Tische, Stühle, Lampen, Pflanzen und andere Accessoires. Diese Elemente können in der virtuellen Welt platziert und angeordnet werden, um die gewünschte Atmosphäre und Funktionalität zu schaffen. Im Anschluss werden den Objekten und Oberflächen dann Bilder, Texturen sowie Farben und Strukturen zugewiesen. Um das Ganze interaktiv zu gestalten, lassen sich Tasten und Hotspots hinzufügen, die Aktionen ausführen, wenn man sie berührt bzw. daraufklickt. Das können in erster Linie Verlinkungen zu anderen Bereichen, aber auch Funktionen sein, die Animationen auslösen, Anwendungen starten oder Websites und Videos öffnen. Selbstverständlich lassen sich auch eigene Inhalte wie Texte, Bilder, Audio und Video, Dateien und 3D-Modelle importieren und in den eigenen virtuellen Räumen nutzen. Das Ergebnis kann jederzeit im Browser, in der App oder mit einer VR-Brille getestet, die Funktionalität geprüft und bei Bedarf angepasst werden.

Je nach Anspruch und Budget ist es natürlich auch möglich, individuelle Erlebniswelten, Räume und Objekte nach Ihren Anforderungen in 3D zu modellieren. Bei der Gestaltung Ihrer eigenen Corporate World sind keine Grenzen gesetzt.

Es ist wichtig, dafür zu sorgen, dass ein Corporate Metaverse nicht nur über ein VR-Headset funktioniert, sondern genauso gut über andere Endgeräte wie PCs, Tablets und Smartphones genutzt werden kann. Nur so kann man sicherstellen, dass alle Personen uneingeschränkt darauf zugreifen können und das volle Potenzial der Plattform genutzt wird.

rooom AG

Das deutsche Unternehmen rooom AG gehört zu den Pionieren im Metaverse-Markt und bietet eine DSGVO-konforme All-in-one-Plattform für die Erstellung, Verwaltung und gemeinsame Nutzung von immersiven 3D-, AR- und VR-Erlebnissen.

Mit rooom kann damit innerhalb kürzester Zeit beeindruckende und professionelle Ergebnisse erzielen. Zu ihrem Produktportfolio gehören unter anderem folgende Lösungen:

- **rooomSpaces** ist ein Metaverse-Baukasten, mit dem sich schnell und einfach virtuelle Räume wie 3D-Showrooms, Messestände oder 360-Grad-Touren erstellen lassen.
- Mit der Online-Event-Plattform **rooomEvents** können interaktive virtuelle und hybride Veranstaltungen wie Messen, Konferenzen, Workshops oder Konzerte mit vielfältigen Möglichkeiten zur Kommunikation und Lead-Generierung durchgeführt werden.
- Mit **rooomProducts** können 3D-Modelle und digitale Zwillinge von Produkten erstellt werden, um diese anschaulich und detailgetreu zu präsentieren. Die Produkte können mithilfe von 3D-Daten oder anhand von Fotos, Videos oder der eigenen 3D-Scan-App erstellt werden.
- Mit **rooomImmersions** kann man Augmented Reality für Marketing, Vertrieb, Tourismus und intelligentes Lernen nutzen und interaktive 3D-Inhalte einfach in Printmedien oder auf Produkten integrieren.

Das mehrfach ausgezeichnete Start-up aus Jena wurde 2016 gegründet und hatte Anfang 2023 über 130 Mitarbeiter an fünf Standorten. Das bekannte Marktforschungsinstitut Gartner kürte die rooom AG im Jahr 2022 zum »Top Metaverse Management Solution Provider«.[49]

Mehr Infos finden Sie unter: *www.rooom.com*

Dort können Sie sich kostenlos bzw. über einen Test-Account einen eigenen virtuellen Meetingraum, ein Klassenzimmer oder ein Strandhaus erstellen und auf Ihre Bedürfnisse hin anpassen sowie mit eigenen Elementen und Inhalten ergänzen. Oder Sie besuchen einfach dort bestehende Metaverse-Welten und lassen sich inspirieren.

Weitere Anbieter

Abgesehen von den bereits erwähnten Baukästen gibt es viele andere Anbieter, die Sie beim Aufbau Ihres eigenen Metaverse unterstützen. Besuchen Sie die folgenden Seiten und lassen Sie sich inspirieren:

- Corporate Metaverse: *https://corporate-metaverse.com*
- Engage Metaverse: *https://engagevr.io*
- Spatial: *https://spatial.io*
- Multiverse: *https://multiverseonline.io*
- Frame VR: *framevr.io*
- Journee: *https://journee.live*
- Landrocker: *https://landrocker.io*
- Frame VR: *framevr.io*
- Virbela: *www.virbela.com*
- Neyroo: *www.neyroo.de*

Einrichtung einer Wallet

Um im Metaverse wie in der realen Welt Transaktionen durchführen zu können, benötigen Sie Geld – virtuelles Geld. Dies bewahren Sie in Ihrer »Wallet« (englisch: Geldbörse, Brieftasche) auf.

Wie in Kapitel 4 beschrieben, gibt es unterschiedliche Arten von Krypto-Wallets, wobei die beliebtesten

- gehostete Software-Wallets,
- Non-Custodial-Wallets und
- Hardware-Wallets

sind. Die Nutzung der verschiedenen Wallets ist kostenlos und hängt davon ab, wie Sie Ihr Krypto-Vermögen nutzen und wie sehr Sie sich absichern wollen. Was es damit auf sich hat und wie Sie Ihre Wallet einrichten, erfahren Sie hier.

Gehostete Wallets

Die beliebteste Wallet für Kryptowährungen mit der einfachsten Einrichtung ist eine gehostete Wallet (auch Soft-Wallet genannt). Sie ist insbesondere für Anfänger geeignet, da sie einfach einzurichten und zu verwenden ist.

Sie wird als »gehostet« bezeichnet, da eine Drittpartei das Krypto-Vermögen für seine Kunden verwahrt – vergleichbar mit einer Bank, die Ihr Geld auf einem Giro- oder Sparkonto aufbewahrt.

Wenn Sie Kryptowährungen über eine dApp (mehr dazu in Kapitel 4) wie »Coinbase« kaufen, werden Ihre Kryptowährungen und der private Zugangsschlüssel in der Regel automatisch in einer gehosteten Wallet aufbewahrt, die von dem Dienstleister betrieben wird. Das bedeutet, dass der Nutzer seine Werte nicht selbst aufbewahren und sich keine Sorgen machen muss, dass er seine Wallet oder seine privaten Schlüssel verliert. Oft bieten gehostete Wallets auch zusätzliche Funktionen wie den Kauf und Verkauf von Kryptowährungen und das Empfangen von Zahlungen an.

Ein Nachteil einer gehosteten Wallet ist, dass der Nutzer seine Kryptowährungen nicht selbst kontrollieren kann und sich auf den Dienstleister verlassen muss, um die Sicherheit seiner Wallet zu gewährleisten. Wenn der Dienstleister kompromittiert wird oder er seine Dienste einstellt, könnte der Nutzer seine Kryptowährungen verlieren. Es ist daher wichtig, sich für einen seriösen und vertrauenswürdigen Dienstleister zu entscheiden.

Einrichtung einer gehosteten Wallet

1. Zuerst wählen Sie eine Plattform Ihres Vertrauens. Dies kann z. B. Coinbase oder Crypto.com sein. Ihre Hauptkriterien bei der Auswahl sollten Sicherheit, Benutzerfreundlichkeit und die Einhaltung von staatlichen und Finanzverordnungen sein.

2. Anschließend erstellen Sie Ihr Konto. Wie auch bei anderen Diensteanbietern geben Sie Ihre persönlichen Daten ein und wählen ein sehr sicheres Passwort. Es wird weiterhin empfohlen, als zusätzliche Schutzvorkehrung die Zwei-Faktor-Authentifizierung (auch 2FA genannt) zu aktivieren.

3. Nach der Verifizierung kann Kryptowährung gekauft oder übertragen werden. Die meisten Plattformen und Börsen für Kryptowährungen bieten die Möglichkeit, Kryptowährungen mit einem Bankkonto oder einer Kreditkarte zu kaufen. Wenn Sie bereits Kryptowährungen besitzen, können Sie Ihre Bestände in Ihre neue gehostete Wallet übertragen und dort sicher aufbewahren.

Non-Custodial Wallet

Mit einer selbstverwalteten Wallet (englisch: non-custodial wallet), wie zum Beispiel bei der MetaMask Wallet, liegt die volle Kontrolle über das Krypto-Vermögen beim Kunden bzw. Nutzer selbst. Non-Custodial Wallets verzichten auf Drittparteien (d. h. Verwahrstellen), wenn es um die Sicherheit des Kunden-Vermögens geht. Die Drittparteien hier stellen zwar die Software bereit, die Sie benötigen, um Ihre Kryptowährungen aufzubewahren. Es liegt jedoch ausschließlich in Ihrer Verantwortung, sich an das Passwort zu erinnern und es sicher aufzubewahren.

Wenn Sie Ihren Zugang (oft als »privater Schlüssel« oder »Seed Phrase« bezeichnet) vergessen oder verlieren, haben Sie keine Möglichkeit mehr, auf Ihr Krypto-Vermögen zuzugreifen und darüber zu verfügen. Falls jemand anders diesen privaten Schlüssel herausfindet, hat diese Person uneingeschränkten Zugriff auf Ihr Vermögen.

Positiv anzumerken ist jedoch, dass Sie hier nicht nur die volle Kontrolle über die Sicherheit Ihrer Krypto-Bestände haben, sondern dass

Ihnen darüber hinaus auch weitergehende Anwendungen offenstehen, wie zum Beispiel Yield Farming, Staking, Kreditvergabe, Kreditaufnahme und vieles mehr. Wenn Sie planen, lediglich Kryptowährungen zu kaufen, zu verkaufen, zu senden und zu empfangen, ist eine gehostete Wallet immer noch die einfachste Lösung.

Einrichtung einer selbstverwalteten Wallet

1. Wir empfehlen die weltweit populärste Wallet »MetaMask«. Sie ist als Erweiterung für den Google Chrome Browser oder als mobile App für iOS und Android verfügbar. Wir empfehlen die Browser-Version. Laden Sie diese nur von der offiziellen Website *https://metamask.io* herunter.

2. Es folgt die Kontoerstellung. Im Gegensatz zu einer gehosteten Wallet müssen Sie keine persönlichen Daten angeben, um eine Non-Custodial Wallet zu erstellen. Nicht einmal eine E-Mail-Adresse ist notwendig.

3. Es wird darauf hingewiesen, unbedingt darauf zu achten, Ihre geheime Wiederherstellungsphrase (Secret Recovery Phrase) handschriftlich und nicht digital festzuhalten. Es handelt sich dabei um eine Aneinanderreihung von zwölf zufällig ausgewählten Wörtern. Bewahren Sie diesen Sicherheitsschlüssel an einem sehr sicheren Ort auf. Vergessen Sie Ihr Passwort und Ihre Wiederherstellungsphrase, haben Sie definitiv keinen Zugriff mehr auf Ihr Krypto-Vermögen! Auch der Wallet-Betreiber kann dann nicht mehr helfen, da er keine Daten seiner Kunden speichert. Natürlich sollten Sie diesen Sicherheitsschlüssel niemandem mitteilen oder gar über das Internet verschicken – niemals! Auch nicht, wenn Sie ein sehr freundlicher Nutzer danach fragt.

4. Im Anschluss können bestehende Krypto-Bestände in Ihre Wallet übertragen werden. Der Kauf von Kryptowährungen mithilfe traditioneller Währungen (wie zum Beispiel US-Dollar oder Euro) ist mit einem Non-Custodial Wallet nicht immer möglich, daher müssen Krypto-Bestände von andernorts in die neu eingerichtete Non-Custodial Wallet übertragen werden.

Hardware-Wallets

Ein Hardware-Wallet (auch Cold-Wallet genannt) ist ein physisches Gerät, etwa so groß wie ein USB-Stick, auf dem die privaten Schlüssel der Kryptowährungen des Kunden offline gespeichert werden. Hardware-Wallets sind bei Krypto-Nutzern aufgrund des höheren Aufwands und der Kosten nicht so beliebt, aber sie haben durchaus ihre Vorteile – zum Beispiel sind die darauf gespeicherten Krypto-Vermögenswerte auch dann geschützt, wenn der eigene Computer gehackt wird. Im Vergleich zu einer Software-Wallet sind sie jedoch aufgrund des höheren Schutzfaktors etwas umständlicher in der Handhabung und können mehr als 100 Euro kosten.

Einrichtung einer Hardware-Wallet

1. An erster Stelle steht der Kauf des Geräts. Die zwei bekanntesten Marken sind Ledger und Trezor.

2. Nun wird die Software installiert. Zunächst muss eine Software auf Ihrem Computer oder Smartphone installiert werden, die für die Einrichtung der Wallet-Hardware erforderlich ist. Laden Sie die Software nur von der offiziellen Website des Herstellers herunter und folgen Sie den Anweisungen, um Ihre Wallet zu erstellen.

3. Jetzt können Krypto-Bestände in die Hardware-Wallet übertragen werden. Ähnlich wie bei einer Non-Custodial Wallet haben Sie mit einer Hardware-Wallet in der Regel nicht die Möglichkeit, Kryptowährungen mit herkömmlichen Währungen (wie US-Dollar oder Euro) zu erwerben, daher müssen Kryptowährungen in diese Wallet übertragen werden.

Nutzung und Einrichtung von Discord

Discord ist eine sehr populäre Kommunikationsplattform für Instant Messaging, Chats, Sprach- und Videokonferenzen, die sowohl mobil als auch auf dem PC genutzt werden kann. Sie wurde ursprünglich für Gamer entwickelt und wird mittlerweile sehr häufig bei Metaverse-

und NFT-Projekten genutzt, um mit der Community zu kommunizieren, sie auf dem Laufenden zu halten und eine langfristige Bindung aufzubauen (Community Building).

In Bezug auf NFTs (Non-Fungible Tokens) ist Discord eine praktische Plattform, um sich mit anderen Sammlern und Enthusiasten zu vernetzen und sich über neue Entwicklungen und Trends auszutauschen sowie Erfahrungen zu teilen. Auf Discord gibt es zahlreiche Communitys, die sich speziell mit Themen wie Metaverse, VR, AR und NFT befassen. Dort können Nutzer Fragen stellen, Sammlungen austauschen und sich über Verkaufsangebote und Auktionen informieren.

Auch bietet Discord eine Reihe von Tools und Funktionen, mit denen Nutzer NFTs verwalten und handeln können. Dazu gehören integrierte Marktplätze, auf denen Mitglieder NFTs kaufen und verkaufen können, sowie die Möglichkeit, NFT-Sammlungen zu verwalten und zu teilen.

Viele nutzen Discord heute für soziale Interaktionen, um sich mit Freunden und Familie zu verbinden und zu chatten. Es wird auch häufig von Bildungseinrichtungen und professionellen Teams verwendet, um Kurse und Treffen abzuhalten und zusammen zu arbeiten.

Ein weiterer wichtiger Aspekt von Discord ist die Möglichkeit, Communitys zu bilden und zu betreiben. Es gibt viele Discord-Communitys, die sich um verschiedene Themen drehen, von Gaming und Unterhaltung bis hin zu politischen Diskussionen und gemeinnütziger Arbeit. Discord bietet hierfür eine Reihe von Tools und Funktionen, mit denen Community-Moderatoren ihre Communitys verwalten und organisieren können.

Discord-Server

Ein Discord-Server ist ein spezieller Chat-Raum, der von einem Nutzer oder einer Gruppe eingerichtet wurde und in den andere eintreten können. Er bietet eine einfache Möglichkeit, mit anderen Personen in Echtzeit zu kommunizieren, und ist besonders für die Zusammenarbeit in Teams und Gemeinschaften nützlich. Jeder Discord-Server hat eine eigene URL-Adresse, die man verwendet, um dem gewünschten

Chat-Raum beizutreten. Sobald man beigetreten ist, kann man dort Nachrichten in verschiedenen Chat-Kanälen senden und empfangen, die von den Eigentümern eingerichtet wurden. Diese Kanäle können nach verschiedenen Themen kategorisiert werden, wie z. B. allgemeine Diskussionen, Spiele, Podcasts, Live-Streaming oder Support.

Andere alternative Messaging-Dienste zu Discord sind z. B. Nansen Connect, TeamSpeak, Slack oder sogar Microsoft Teams.

Nutzung von Discord

Um Discord als Community-Mitglied zu nutzen, benötigen Sie einen Webbrowser oder Sie nutzen die Discord-App. Dann benötigen Sie Ihre E-Mail-Adresse, um ein eigenes Discord-Konto zu erstellen. Um einem bestimmten Discord-Server beizutreten, benötigen Sie dann nur noch einen Einladungslink eines Discord-Mitglieds oder Administrators.

Um Ihren eigenen Discord-Server einzurichten, müssen Sie zunächst ein Discord-Konto erstellen. Wenn Sie bereits über ein solches Konto verfügen, können Sie direkt mit den folgenden Schritten fortfahren: Innerhalb von Discord kann man einen neuen Server erstellen, indem man einen Namen und eine Region auswählt und ein Profilbild hochlädt. Sobald der Server erstellt wurde, können neue Kanäle hinzugefügt und Teilnehmer eingeladen werden, indem man ihnen einen Einladungslink schickt. Auch können Server-Rollen und -Berechtigungen festgelegt sowie Plug-ins und weitere Funktionen hinzugefügt werden.

Um mehr über die Einrichtung und Verwaltung von Discord-Servern zu erfahren, empfehlen wir Ihnen, die offizielle Discord-Dokumentation unter *https://support.discord.com* zu lesen oder online nach Tutorials zu suchen. Es gibt viele Ressourcen, die Ihnen dabei helfen, einen Server zu personalisieren und an Ihre eigenen Bedürfnisse anzupassen.

9. Herausforderungen des Metaverse

Neben den ausführlich beschriebenen Chancen, Möglichkeiten und positiven Auswirkungen müssen auch die Herausforderungen und Risiken des Metaverse berücksichtigt werden. Es ist wichtig, sich darüber im Klaren zu sein und umsichtig damit umzugehen, um Sicherheit zu gewährleisten und Vertrauen zu schaffen. Wir müssen uns schon jetzt Gedanken darüber machen, wie wir diese neue Plattform möglichst nachhaltig aufbauen, sie sinnvoll nutzen und gleichzeitig die Privatsphäre und Sicherheit aller Nutzer schützen können.

Die Unternehmen, die das Metaverse entwickeln und betreiben, tragen eine besonders große Verantwortung. Sie müssen transparent und aufklärend handeln und dafür sorgen, dass klare Richtlinien, offene Standards und eindeutige Verhaltensregeln aufgestellt werden. Nur so können wir das Potenzial des Metaverse zum Guten nutzen und die negativen Auswirkungen minimieren.

Mit großer Wahrscheinlichkeit wird das Metaverse große wirtschaftliche und gesellschaftliche Bedeutung erlangen. Wie bei vielen bedeutenden Innovationen aus dem Silicon Valley wird es auch hier zunächst zum Hype werden und die überzogenen Erwartungen unweigerlich enttäuschen, wie man im Jahr 2022 am Krypto-Markt sowie an den hohen Börsenverlusten von Meta und anderen Big-Tech-Unternehmen beobachten konnte.

Generelle Gefahren

Wir dürfen uns nichts vormachen – die Herausforderungen und die Gefahren im Metaverse werden zahlreich sein: unbegrenzte Datenerfassung mit negativen Auswirkungen auf unsere Privatsphäre, Missbrauch und Belästigung, betrügerische Avatare, die versuchen, sensible Informationen zu stehlen, voreingenommene KIs, Bots und Trolle, die sich immer weiter ausbreiten, eine weiter polarisierte Gesellschaft, zunehmende Ungleichheit sowie körperliche und mentale Gesundheitsprobleme. Wenn wir das Metaverse aus diesem Blickwinkel heraus betrachten, wirken die Risiken, die es mit sich bringen könnte, beängstigend.

Fehlende Regeln und Leitlinien

Heutzutage verfolgen Firmen wie Google und Meta nahezu jeden Schritt, den wir online machen. Im Web3 entscheidet (bestenfalls) jeder Nutzer selbst, welche Daten und Informationen er freiwillig preisgibt. Aus unserer Zeit im Web 2.0 haben wir jedoch gelernt, dass es keinen rechtsfreien Raum geben darf. Wir sollten bereits jetzt wohlüberlegte und klare Regeln aufstellen und Leitlinien definieren, um das Potenzial des Metaverse zum Guten zu maximieren und den möglichen Schaden bestmöglich zu minimieren. Dafür braucht es viel Transparenz und Aufklärung – insbesondere von Tech-Unternehmen wie Meta.

Fehlende Rechenleistung

Um viele Millionen Avatare in dreidimensionalen Welten gleichzeitig in Echtzeit zu berechnen, benötigt es unvorstellbare Rechenleistung. Aktuell steht diese Rechenkapazität noch nicht zur Verfügung. Quantencomputer könnten Abhilfe schaffen, befinden sich jedoch noch in der Entwicklungsphase (mehr dazu in Kapitel 4).

Hoher Energieverbrauch

Der nachhaltige Umgang mit Ressourcen ist die größte Aufgabe dieser Generation. Immer wieder stehen Kryptowährungen und die Blockchain in der Kritik, eine schlechte Umweltbilanz aufzuweisen. So verbraucht, nach Berechnungen der Cambridge University, allein das Mining von Bitcoin derzeit etwa 110 Terrawattstunden pro Jahr.[50] Das entspricht in etwa dem jährlichen Energiebedarf von Schweden.

Es gibt jedoch auch Kryptowährungen, wie z. B. Ether und Monero, die weit weniger Energie zum Mining benötigen. Auch gibt es Bestrebungen, Kryptowährungen zu entwickeln, die auf nachhaltigeren Technologien wie Proof of Stake basieren anstatt auf Proof of Work, um den Energieverbrauch zu reduzieren.

💡 GUT ZU WISSEN

Proof of Stake vs. Proof of Work

Der Unterschied zwischen Proof of Stake (PoS) und Proof of Work (PoW) besteht darin, wie Transaktionen in einem Blockchain-System bestätigt werden.

Proof of Work bedeutet, dass Benutzer (auch »Miner« genannt) mit ihren Computern bzw. Rechnern komplexe mathematische Probleme lösen, um Transaktionen zu bestätigen und neue Blöcke zu erstellen. Dies erfordert Rechenleistung und verbraucht sehr viel Energie.

Proof of Stake hingegen basiert auf der Idee, dass Benutzer (oder eben »Miner«), die mehr »Stake«, also zu Deutsch »Beteiligung« (in der Regel in Form von Kryptowährungen) in das System einbringen, eine höhere Wahrscheinlichkeit haben, Transaktionen zu bestätigen und neue Blöcke zu erstellen. Dies erfordert keine große Rechenleistung und verbraucht weniger Energie.

Persönliche Herausforderungen

Wie jede neue technologische Entwicklung, so birgt auch das Metaverse Risiken und Gefahren für seine Nutzer. Viele der Herausforderungen, die es mit sich bringt, ähneln denen, die das Internet und die sozialen Medien hervorgebracht haben.

Realitätsflucht

Angesichts der tiefen Immersion von Virtual Reality und des Gefühls, sich »dem Anschein nach« an einem anderen Ort zu befinden, besteht ein noch höheres Risiko, davon abhängig zu werden, als wir es von der Spiel- oder Handysucht kennen. Besonders anfällige Personen, die mit sich selbst oder ihrem Leben im Ungleichgewicht sind, könnten der Versuchung erliegen, sich mit ihrem idealisierten Avatar in virtuelle und vermeintlich »bessere« Welten zu flüchten, und zunehmend den Sinn für die reelle Welt verlieren. Filme wie *Ready Player One* zeigen diese Dystopie eindrucksvoll. Vor allem Tech-Unternehmen sollten Transparenz und Aufklärung bieten, um einen verantwortungsvollen Umgang mit VR zu fördern.

Wie alles im Leben ist es immer eine Frage der richtigen Dosierung: Es ist wichtig, das richtige Gleichgewicht zwischen der Zeit, die man in virtuellen Welten verbringt, und der Zeit, die man in der realen Welt verbringt, zu finden. Man sollte regelmäßig Pausen einlegen und sicherstellen, dass man ausreichend Zeit mit »echten« Freunden und seinen Liebsten in der realen Welt verbringt, sich ausreichend bewegt und entspannt.

Fehlender Datenschutz

Auch im Web3 werden sich Datenschutzverletzungen und Rechtsverstöße nicht vermeiden lassen, denn Start-ups, Organisationen, Einzelpersonen und auch Kriminelle werden um die Wette versuchen, ein Stück vom Kuchen abzubekommen. So wie das heutige Internet und insbesondere die sozialen Medien eine Flut von Problemen hervorgerufen haben, so ist dies auch für das Metaverse zu erwarten.

Wir selbst werden im Metaverse vermutlich weit mehr preisgeben müssen, als wir es vom heutigen Internet kennen. Über moderne XR-Headsets können mehr Daten erfasst und weitergegeben werden. Das umfasst neben dem präzisen Tracking aller App-Interaktionen beispielsweise auch Augen-, Hand- und Körperbewegungen, Mimik, Herzfrequenz, Sprache und vieles mehr. Dies ermöglicht es den Anbietern, noch mehr persönliche Daten zu sammeln, um ihre zielgruppenorientierte Werbung weiter zu optimieren.

Profiling

Der Datenschutz ist im Metaverse von größter Bedeutung. Nutzer machen sich bereits im Web 2.0 Sorgen über das Sammeln und Auswerten ihrer persönlichen Daten. Das sogenannte Profiling wird seit Jahren von Unternehmen praktiziert. Es bedeutet, dass Nutzerdaten aus verschiedenen Quellen gesammelt, angereichert und in bestimmte Zielgruppen-Cluster eingeteilt werden, die man oft nach ihrer Kaufkraft bewertet.

Genau wie das Internet birgt auch das Metaverse das Risiko, von Hackern angegriffen werden, die darauf abzielen, sensible Daten wie Kreditkartennummern, Passwörter oder sogar Identitäten zu stehlen. Das Risiko des Identitätsdiebstahls ist besonders hoch, da Nutzer in der virtuellen Welt möglicherweise unbedacht ihre persönlichen Daten preisgeben. Diese Informationen können dann für illegale Aktivitäten genutzt werden, was zu ernsthaften Problemen für die Betroffenen führen kann.

Daher gibt es bereits Initiativen, um das Risiko von Datendiebstahl im Metaverse zu verringern. Eine davon ist die Verwendung von Technologien wie der Blockchain, um die sogenannte »Souveräne Identität« (Self-Sovereign Identity; SSI) der Nutzer zu sichern. Mit dieser SSI hat der Nutzer die volle Kontrolle über seine Daten, da sie nicht bei einer zentralen Stelle wie einem Unternehmen oder einer Autorität gespeichert werden. Das bedeutet, dass der Nutzer selbst entscheiden kann, wem er welche Daten zugänglich macht und wie sie genutzt werden. Dies trägt dazu bei, das Risiko von Datenmissbrauch und Identitätsdiebstahl im Metaverse zu reduzieren und die Sicherheit und Privatsphäre der Nutzer zu gewährleisten.

Kriminalität ist also auch in der virtuellen Welt ein Risiko. Diebe und Betrüger, die noch nicht einmal Hacker sein müssen, könnten durch subtile Vorgehensweisen Zugang zu sensiblen Informationen, Daten und Aktivitäten der Nutzer erlangen. Ein sogenanntes Single-Sign-on, bei dem Nutzer sich mit einem einzigen Zugangskonto, wie z. B. Facebook Connect, für mehrere Dienste anmelden können, kann zwar bequem sein, birgt aber auch ein enorme Risiken. Wenn das Konto gehackt oder sich der Zugang dazu erschlichen wird, kann der Hacker Zugang zu allen von diesem Konto verwendeten Diensten erlangen.

💡 GUT ZU WISSEN

Identitätsdiebstahl

Unter »Identitätsdiebstahl« versteht man den Missbrauch der persönlichen Daten einer anderen Person, um sich als diese auszugeben und Straftaten zu begehen. Im Metaverse könnte jemand die Identität eines Avatars annehmen, um sich als diese Person auszugeben, andere zu beleidigen oder Zugang zu persönlichen Daten, Inhalten und geschützten Bereichen zu erhalten.

Mobbing

Wie man in den sozialen Medien beobachten kann, stellen Cyberbullying (Schikane) und Belästigungen bereits eine Gefahr mit sozialer Konsequenz dar, da sich Nutzer in der virtuellen Welt häufig anonym bewegen und damit schwer zu verfolgen sind. Im Metaverse hat die Sicherheit und Unversehrtheit der Nutzer oberste Priorität. Es ist wichtig, von den negativen Ausprägungen im Web 2.0 zu lernen und dafür zu sorgen, dass sie im Metaverse bestmöglich vermieden werden.

Ausschluss einzelner Nutzergruppen

Die Einführung neuer Technologien im Metaverse kann dazu führen, dass bestimmte Nutzer von den Vorteilen ausgeschlossen werden, wenn sie nicht über die notwendigen technischen Mittel oder Fähigkeiten verfügen, um sie zu nutzen. Dies kann zu Benachteiligungen und sozialer Isolation führen. Es ist daher von großer Wichtigkeit, Lösungen zu finden, die dafür sorgen, dass das Metaverse für alle zugänglich und nachhaltig ist. Dies kann die Entwicklung von Technologien und Tools, die die Barrierefreiheit unterstützen, oder die Schaffung von Ressourcen und Schulungen beinhalten, die es Nutzern ermöglichen, ihre Fähigkeiten aufzubauen und die neuen Technologien zu nutzen.

Wirtschaftliche Herausforderungen

Das Metaverse könnte in der Arbeitswelt dazu führen, dass bestimmte Arten von Arbeit vollständig in die virtuelle Welt verlagert werden, was sich auf den Arbeitsmarkt sowie die Art und Weise auswirken wird, wie wir zukünftig arbeiten. Wir müssen uns vor Augen halten, wie sehr das Metaverse die Arbeitswelt verändern könnte, und schon heute faire und integrative Ansätze entwickeln.

Eine weitere Gefahr besteht in der Monopolisierung des Metaverse durch einzelne Unternehmen oder Regierungen, die damit die Kontrolle über den virtuellen Raum und die darin stattfindenden Aktivitäten erlangen könnten.

Um einen möglichst offenen Austausch zu gewährleisten, ist die Interoperabilität ein wichtiger Aspekt. Sie kann sicherstellen, dass verschiedene Plattformen und Systeme untereinander kompatibel sind und die Nutzer miteinander kommunizieren und interagieren können.

Es ist wichtig, sich der wirtschaftlichen Interessen der Unternehmen im Metaverse bewusst zu sein.

Die einzigartigen Merkmale der eigenen Plattform (ob für die Allgemeinheit wichtig oder nicht) werden von den Anbietern natürlich geschützt. Es ziehen also nicht immer alle am gleichen Strang, sondern haben oftmals vor allem ihre eigenen Interessen im Sinn. Dies kann dazu führen, dass die Interoperabilität und die Zusammenarbeit zwischen den Plattformen beeinträchtigt werden.

Rechtliche Herausforderungen

Es werden sich, so wie im Internet auch, eine Vielzahl rechtlicher Fragen und Risiken ergeben. Diese können hier, um den Rahmen des Buches nicht zu sprengen, nur kurz angerissen werden. Einige Beispiele sind:

- **Privatsphäre**
  Im Metaverse können Nutzer Daten über ihr Verhalten, ihre Vorlieben und ihre Bewegungen teilen, die für Unternehmen von großem Interesse sind. Daher ist es wichtig, dass die Nutzer selbst die Kontrolle darüber haben, welche Daten sie teilen und wie diese genutzt werden.

- **Eigentum**
  Im Metaverse werden virtuelle Güter und Vermögenswerte geschaffen, gekauft und veräußert, die es zu schützen gilt. Es ist wichtig, dass es klare Regeln gibt, die festlegen, wer welche Rechte an diesen Gütern hat und wie diese geschützt werden.

- **Urheberrecht**
  Wie im Internet werden Anwender eine Vielzahl von digitalen Inhalten erstellen und teilen, die möglicherweise urheberrechtlich geschützt sind. Es wird zu Rechtsstreitigkeiten über die Verwendung von Inhalten und die Zahlung von Lizenzgebühren kommen. Daher muss frühzeitig sichergestellt werden, dass die Rechte der Urheber bestmöglich gewahrt bleiben und diese nicht unerlaubt genutzt werden.

- **Verträge**
  Nutzer werden digitale Verträge abschließen und Transaktionen durchführen. Auch wenn diese über die Blockchain nachvollziehbar sind, ist es wichtig, dass diese Verträge rechtsgültig sind und dass Nutzer wissen, welche Rechte und Pflichten sie haben.

- **Internationales Recht und Rechtsdurchsetzung**
  Das Metaverse ist keine geografisch begrenzte Umgebung, und Nutzer werden aus verschiedenen Ländern miteinander interagieren. Dies wirft die Frage auf, welches Recht im Falle von

Konflikten anwendbar ist, wie es durchgesetzt werden kann und welche Gerichtsbarkeit für Streitigkeiten gilt. Besonders zu Anfang wird es wahrscheinlich schwierig sein, illegales Verhalten zu verfolgen und zu sanktionieren.

- **Haftung**
  Im Metaverse können Haftungsfragen auftauchen, beispielsweise bei Schäden, die durch Avatare, durch KI oder von Nutzern erstellte virtuelle Objekte verursacht werden. Ebenso könnten Nutzer schädliches Verhalten zeigen oder andere Personen oder Unternehmen schädigen. Es ist wichtig, dass klar geregelt ist, wer für Schäden verantwortlich ist. Noch ist unklar, wer im Metaverse für die Handlungen von Avataren, der KI oder Nutzern haftbar gemacht werden könnte.

Steuerliche Herausforderungen

Im Metaverse gibt es eine Vielzahl von steuerlichen Aspekten, die sich aus der Tatsache ergeben, dass es sich um einen virtuellen Raum handelt, der sich von der realen Welt unterscheidet.

Die wahrscheinlich wichtigste Frage ist, wie man Steuern auf Einkommen berechnet, das im Metaverse erwirtschaftet wird, und wo diese Einkünfte steuerpflichtig sind. Dies wird beispielsweise beim Kauf und Verkauf von virtuellen Gütern, Immobilien oder bei der Bereitstellung von Dienstleistungen der Fall sein. Sollten sie nach den gleichen Regeln besteuert werden wie in der physischen Welt oder gelten im Metaverse gesonderte Regeln?

Die Besteuerung von virtuellen Unternehmen oder DAOs (Decentralized Autonomous Organizations) im Metaverse stellt eine weitere Herausforderung dar, da diese Organisationsformen häufig keine physischen Gegenstücke in der realen Welt haben. Eine Möglichkeit könnte sein, dass die Steuerpflicht an den Sitz der Firma oder der DAO gebunden wird, wie es bei traditionellen Unternehmen der Fall ist. Allerdings gibt es im Metaverse keine klar definierten Grenzen, sodass die Zuordnung zu einem bestimmten Staat oder Land schwierig werden könnte. Eine andere Option wäre, dass die Steuerpflicht an den Aufenthaltsort der Nutzer gebunden wird, die an der Firma oder der DAO beteiligt sind.

Es ist wichtig, dass sich Regierungen und internationale Steuerbehörden frühzeitig mit diesen komplexen Themen auseinandersetzen und klare Regelungen und Rechtssicherheit schaffen, damit die Metaverse-Wirtschaft möglichst reibungslos funktionieren kann. Andernfalls könnten viele Unternehmen zögern, Ihr Business ins Metaverse zu verlagern.

Bei allen Betrachtungen sollten Steuerberater hinzugezogen werden. Diese Experten sind mit den aktuell gültigen Rahmenbedingungen am besten vertraut und haben die Aufgabe, die sich ständig verändernden Regelungen zu kennen, die jeweilige Ausgangssituation zu interpretieren und entsprechend anzuwenden.

Einfluss auf die Gesellschaft

Die konkreten und langfristigen Auswirkungen sehr immersiver Technologien auf unsere Gesellschaft sind noch nicht ausreichend erforscht. Wir haben im Web 2.0 jedoch erlebt, wie sich Probleme in unserer physischen Gesellschaft auch im Internet und auf Social Media manifestiert haben. Ähnlich wird es auch im Metaverse zu erwarten sein. Technologie selbst ist nicht per se gut oder schlecht. Die Menschen werden sie so nutzen, wie sie es für richtig halten – und einige werden dabei sein, die sie auch missbrauchen werden.

In bestimmten Teilen der Welt gibt es bereits das Konzept des »Social Score System«, bei dem die Online-Aktivitäten einer Person in einen Score umgewandelt werden.

Auch der Einsatz von Kameras in und an XR-Brillen sowie anderen Monitoring- bzw. Überwachungstechnologien könnte als Einschränkung der Privatsphäre betrachtet werden.

Das Social Score System

In einigen Ländern, wie etwa in China, gibt es schon heute das »Social Score System«. Das von der chinesischen Regierung initiierte Projekt zielt darauf ab, das Verhalten der Bürger durch ein Punktesystem zu beeinflussen und zu kontrollieren.

Dieses System nutzt künstliche Intelligenz, um Daten aus verschiedenen Quellen wie Smartphones, Social Media, Online-Einkäufen, Verkehrsaufzeichnungen und anderen öffentlichen Datenbanken zu sammeln. Das System nutzt diese Daten, um jedem Bürger eine Art »soziale Kreditwürdigkeit« zuzuweisen, der das Verhalten und die Aktivitäten des Bürgers bewertet. Dieser Score kann dann von Regierungsbehörden und Unternehmen verwendet werden, um Zugang zu bestimmten Dienstleistungen und Vorteilen zu gewähren oder zu verweigern. Das System hat auch Auswirkungen auf die Reisefreiheit, den Zugang zu bestimmten Berufen und sogar die Aufnahme in bestimmte Schulen. Viele Menschenrechtsgruppen und Regierungen kritisieren dieses System als Verletzung der Privatsphäre und der Grundrechte.

Es ist anzunehmen, dass dieses Überwachungssystem zukünftig auch auf das Metaverse ausgeweitet wird.

10. Die Zukunft des Metaverse

Aktuell befinden wir uns noch in den Anfängen des Metaverse und des Web3. Ähnlich wie bei der Einführung des Internets im Jahr 1993 haben viele heute wieder das Gefühl, dass eine bedeutende Entwicklung und Disruption bevorsteht – ohne bereits jetzt abschätzen zu können, was sie für uns als Gesellschaft, unser Berufsleben und die Wirtschaft bedeuten wird.

Wie bereits in der Einleitung erwähnt, ähnelt das Metaverse Stand heute in vielem dem Internet von vor 30 Jahren: Auch damals war es unmöglich, vorherzusehen, dass sich das Internet zu seinem heutigen Ausmaß entwickeln würde. Ebenso wenig war 2005 absehbar, welch bedeutenden Einfluss Social Media auf alle Bereiche unseres Lebens erlangen würde. Dass sich das Metaverse auf unser aller Leben auswirken wird, ist gewiss. Um vorherzusagen, wie und in welchem Umfang, dazu müsste man Hellseher sein. Wir wagen es dennoch und werfen hier einen Blick in unsere virtuelle Glaskugel.

Blick in die virtuelle Glaskugel

Das Metaverse wird die Möglichkeit für eine vollkommen neue Art von Interaktion und Kommunikation bieten, die weit über das hinausgeht, was wir bisher im Web 2.0 erlebt haben.

Bis das Metaverse so selbstverständlich in unser privates und geschäftliches Leben integriert ist wie heutzutage das Internet und Smartphones, wird es aller Voraussicht nach bis zum Ende dieses Jahrzehnts dauern. Die grundlegenden Möglichkeiten, Funktionalitäten und Zusammenhänge lassen sich jedoch schon heute erkennen; die Weichen sind bereits gestellt.

Für die Gamer unter uns ist es seit Jahren völlig normal, mit ihren Avataren andere Menschen in virtuellen Welten zu treffen und für virtuelle Güter echtes Geld zu bezahlen. In unserem Kulturkreis wächst heute praktisch jedes Kind mit Computerspielen, dem Internet und den digitalen Medien auf. Die »nächste Generation« hat weder Berührungsängste noch Vorbehalte gegenüber virtuellen Technologien und wird das Metaverse daher unvoreingenommen nutzen.

So wie heute quasi jeder über schnelles Internet, einen leistungsfähigen Computer sowie ein multifunktionales Smartphone verfügt, so werden die meisten von uns in wenigen Jahren eine digitale Brille besitzen, die einen einfachen und direkten Zugang zum Metaverse ermöglicht.

Je benutzerfreundlicher die Technologie wird, je erschwinglicher die Hardware und je vielfältiger und attraktiver die Inhalte, desto geringer wird die Hemmschwelle sein, das Metaverse zu nutzen, und desto höher wird die Nachfrage dafür sein.

Wir stehen also wieder einmal vor einem großen elementaren Wandel. Angesichts des exponentiellen Wachstums werden Veränderungen sehr viel schneller eintreten als zuvor, was uns vor spannende Herausforderungen stellt, aber auch unglaubliche Chancen eröffnet.

Die Entwicklungsphasen des Metaverse

Laut Gartner[51] wird sich das Metaverse in drei Phasen entwickeln, bis es bis 2030 vollständig ausgereift ist und zu einem normalen Bestandteil unseres täglichen Lebens wird:

1. **Emerging Metaverse** (aufstrebend)
2. **Advanced Metaverse** (fortgeschritten)
3. **Mature Metaverse** (ausgereift)

Wir fügen dem noch eine vierte Phase hinzu, das

4. Mainstream Metaverse (etabliert)

Jede dieser Phasen wird durch massive Veränderungen bei Technologien, Märkten, Produkten und Dienstleistungen gekennzeichnet sein. Führungskräfte sollten die Chancen der aufkommenden Technologien und Trends frühzeitig erkennen, sie in ihre strategischen Entscheidungen einbeziehen und entsprechend handeln. Auf keinen Fall sollten sie warten, bis das Metaverse ausgereift ist. Gartner empfiehlt Führungskräften, den Entwicklungspfad des Metaverse jetzt zu verstehen und darauf aktiv zu reagieren, indem sie:

■ vom Metaverse inspirierte Möglichkeiten identifizieren,
■ Metaverse-Erlebnisse, Produkte und -Lösungen entwickeln,
■ Kooperationen und Zusammenarbeit mit Partnern ausbauen,
■ sich auf die Umgestaltung von Geschäftsmodellen vorbereiten.

1. Das aufstrebende Metaverse (bis 2024)

In der ersten Phase werden die direkten Möglichkeiten noch begrenzt sein. Dank kostengünstiger Hardware und immer besserer Software beginnen immer mehr Unternehmen, sich aktiv mit den Möglichkeiten von VR, AR, Web3 und dem Metaverse zu beschäftigen, um zu evaluieren, welche Anwendungen in Zukunft von großem Wert sein könnten.

2. Das fortgeschrittene Metaverse (2024 – 2027)

In der zweiten Phase werden sich immer mehr Möglichkeiten und Anwendungen für das Metaverse ergeben. Auch entstehen immer mehr praktische Lösungen und interessante Inhalte, die eine breite Zielgruppe ansprechen. Die Hardware wird immer kleiner, zugänglicher und leistungsfähiger, sodass immer mehr Menschen immersive Technologien in ihrem geschäftlichen wie persönlichen Alltag nutzen werden. Dies inspiriert neue Geschäftsmodelle, wodurch wiederum neue Plattformen und Services entstehen.

3. Das ausgereifte Metaverse (ab 2028)

In der dritten Phase wird das Potenzial eines interoperablen Metaverse immer klarer und einfacher zu verstehen sein. Durch den Fortschritt in Technologien wie künstliche Intelligenz, Computer Vision, immersive Technologien und digitale Währungen werden die erforderlichen Systeme und Fähigkeiten für ein ausgereiftes Metaverse zur Verfügung stehen, wodurch ein digitales universelles Ökosystem mit einer breiten Palette von Anwendungen und Diensten entsteht.

4. Das etablierte Metaverse (ab 2030)

Ab 2030 wird das Metaverse ein fester Bestandteil unseres täglichen Lebens sein und die Art und Weise, wie wir arbeiten, lernen und miteinander interagieren, grundlegend verändert haben. Wir werden uns in einer virtuellen Welt bewegen, die sich an unsere Bedürfnisse anpasst und uns die Möglichkeit bietet, uns auf innovative Weise zu vernetzen, zusammenzuarbeiten und unsere Lebensqualität zu verbessern.

Die ausführliche Studie finden Sie unter: *https://bit.ly/3vOmKsk*

Der Umgang mit dem Metaverse

Die bisherige Erfahrung hat uns gezeigt, dass ein auf die Zukunft ausgerichtetes Business die nächste Stufe der digitalen Evolution auf keinen Fall ignorieren darf. Auch wenn das Metaverse noch neu ist, ist es für Unternehmen und Entscheider bereits jetzt wichtig, diese rasante Entwicklung nicht nur passiv zu beobachten, sondern sich aktiv damit zu beschäftigen.

Sich einen eigenen Überblick zu verschaffen, selbst zu experimentieren und vor allem Ihre eigenen Erfahrungen zu sammeln, sichert Ihnen einen erheblichen Wissensvorsprung, noch bevor das Metaverse in ein paar Jahren zum Mainstream wird.

Ob Sie sich entscheiden, das Metaverse aktiv zu nutzen, ist natürlich Ihre Entscheidung. Ähnlich wie die persönliche Nutzung von Social

Media oder Messenger-Apps bleibt es die freie Entscheidung jedes Einzelnen, ob er oder sie daran teilnehmen möchte oder nicht. Wenn es jedoch um das Business und somit um den geschäftlichen Erfolg geht, dürfen persönliche Befindlichkeiten oder gar Abneigungen gegenüber einzelnen Technologien, Konzernen, Plattformen oder einflussreichen CEOs, die diese Unternehmen führen, nicht im Vordergrund stehen.

Sich dem Fortschritt nicht verweigern

Rückblickend stellen wir immer wieder fest, dass viele Chancen und Wachstumspotenziale der Digitalisierung von Entscheidern wie auch Mitarbeitern aus Unwissenheit, Arroganz oder Bequemlichkeit verpasst wurden. Es gibt unzählige Beispiele von Unternehmern, die die Bedeutung des Internets und der sozialen Netzwerke über Jahre hinweg ignoriert, die Suchmaschinen-Optimierung und Google-Rankings vernachlässigt, die Reichweite und Vorteile individualisierter Werbung auf Social Media ungenutzt oder die Macht von Big Data und Analytics unterschätzt haben.

Das Ergebnis: Sie sind für ihre Kunden nicht sichtbar, generieren dadurch online keine Nachfrage und erzielen so deutlich weniger Umsätze. Zudem tun sie sich immer schwerer, neue und vor allem jüngere Mitarbeiter zu finden.

Heute ist es wichtiger denn je, sich regelmäßig über neue Entwicklungen und Technologien zu informieren, sich fortlaufend weiterzubilden sowie neue Marktchancen frühzeitig zu erkennen und diese aktiv zu nutzen, um den Anschluss nicht zu verlieren.

Durch neue Technologien werden zahlreiche neue Anforderungen und somit auch viele neue Jobs entstehen, für die es heute noch gar keine Stellenbeschreibung gibt. So wie es vor 15 Jahren noch keinen Social-Media-Manager, Instagram-Influencer oder UX-Designer gab, so wird es auch in Zukunft viele neue Jobprofile wie NFT-Strategen, Metaverse-Storyteller oder 3D-Experience-Manager geben.

So wie heute jedes moderne Unternehmen eine Website und eine Präsenz in den sozialen Medien besitzen sollte, so wird sich in einigen Jahren jedes Unternehmen im Metaverse präsentieren müssen, um wahrgenommen zu werden. Am Ende sollten und müssen Unternehmen immer dort präsent und sichtbar sein, wo ihre Kunden sind. Und da immer mehr Menschen einen immer leichteren Zugang zum Metaverse bekommen werden, dürfen Sie diese große Chance nicht Ihren Mitbewerbern überlassen.

Das Metaverse kann und darf von den Verantwortlichen in Unternehmen nicht mehr ignoriert werden. Die Art und Weise, wie Unternehmen und Kunden miteinander umgehen, sowie die Waren und Dienstleistungen, die sie kaufen, können sich durch das Metaverse grundlegend verändern. Die Schlüsselkonzepte des Metaverse, einschließlich digitaler wirtschaftlicher Entwicklungen wie Kryptowährungen, Blockchain und neuartige Immersionen, sind auf das moderne Geschäftsleben anwendbar. Auch die Risiken sind sehr real, und die neuen Technologien erfordern die Entwicklung neuer Strategien und Wege zur Vertrauensbildung und Cyber-Sicherheit.

Aus diesem Grund muss das Metaverse zur Chefsache werden. Mitglieder der Geschäftsleitung müssen lernen, wie das Metaverse funktioniert und welche Maßnahmen notwendig sind, um das eigene Geschäftsfeld darin zu verankern.

Eigene Erfahrungen sammeln

Es ist wichtig, dass Sie experimentieren, Ihre eigenen Erfahrungen sammeln und Know-how aufbauen. Nur so können Sie sich einen entscheidenden Vorteil gegenüber Ihren Mitbewerbern sichern. Finanzieller Profit und schnelle Rendite dürfen in dieser frühen Phase noch nicht im Vordergrund stehen. Vielmehr geht es zunächst darum, Einblicke zu gewinnen, Möglichkeiten zu evaluieren und Fähigkeiten auszubauen.

Verbringen Sie selbst so viel Zeit wie möglich in VR und mit AR. Probieren Sie vieles aus und recherchieren Sie auf Google, YouTube und Discord. Tauschen Sie sich mit Gleichgesinnten aus. Wenn Sie ohne Umwege professionell durchstarten und Zeit sparen wollen, konsultieren Sie einen Metaverse-Experten. Als Berater und Strategen stehen wir Ihnen gerne zur Seite.

Sich den neuen Herausforderungen stellen

Wie jede neue Entwicklung, so bringt auch das Metaverse neue Herausforderungen und Probleme, die es zu lösen gilt. Neue Technologien erfordern immer auch neue kreative Ideen sowie neue Strategien und Methoden. Eine wichtige persönliche Eigenschaft ist es, offen und flexibel für Veränderungen zu sein, Herausforderungen anzunehmen, neue Wege zu beschreiten, eigene Erfahrungen zu sammeln und mehr Möglichkeiten als Probleme zu sehen.

Ein wichtiger Faktor, der die Zukunft des Metaverse beeinflussen wird, ist, wie wir diese Technologie nutzen. Wenn das Metaverse sicher, inklusiv und für alle Nutzer zugänglich gestaltet wird, dann kann es zu einer positiven und produktiven Kraft werden, die uns Menschen verbindet, neue Möglichkeiten eröffnet und die Welt, wie wir sie kennen, zum Besseren verändert.

Wenn unsere Privatsphäre und unsere Sicherheit jedoch missachtet werden oder wenn die Technologie zur Ausbeutung oder Diskriminierung genutzt wird, dann wird dies negative Auswirkungen haben.

Institutionen wie das »Metaverse Standards Forum«, Veranstaltungen zur Definition und Gestaltung des Metaverse wie die »Metaverse Assembly« in Dubai sowie Non-Profit-Vereinigungen wie der »Metaverse Education Council« tragen zu einer positiven Nutzererfahrung und zur Vermeidung negativer Auswüchse bei.

Es ist wichtig, dass sich alle Hersteller, Entwickler, Designer und Nutzer bewusst mit den Chancen, Herausforderungen und Auswirkungen des Metaverse auseinandersetzen und dafür sorgen, dass es sich in einer Weise entwickelt, die uns Menschen zugutekommt.

Bis 2026, so das Marktforschungsunternehmen Gartner, wird sich weltweit jeder Vierte von uns mindestens eine Stunde am Tag im Metaverse bewegen.[52] Bis dahin werden immer mehr Menschen und Entrepreneure Zugang zum Metaverse finden, kreativ sein, neue Business-Chancen erkennen und neue, spannende Lösungen entwickeln. Etliche milliardenschwere Metaverse-Unternehmen wurden noch gar nicht gegründet. Die Karten dafür werden gerade neu gemischt.

Selten zuvor gab es einen so großen und schier endlosen Raum an neuen kreativen wie auch kommerziellen Möglichkeiten.

Starten Sie ins Abenteuer!

Gehören Sie zu den Pionieren, die den ersten Schritt in das nächste Internet machen und die Zukunft aktiv mitgestalten. Seien Sie dabei. Freuen Sie sich auf die Zukunft und profitieren Sie von dieser einmaligen Chance, Teil von etwas Großem und Außergewöhnlichen zu sein.

Wir wünschen Ihnen ganz viel Freude, Pioniergeist und Erfolg im Metaverse und freuen uns auf Ihr Feedback zu diesem Buch sowie den Austausch mit Ihnen.

Denken Sie daran: »This Journey is 1 % finished.«

Ihr Collin Croome & Christian Gleich

Schlussworte und Dank

Wir hoffen, dass Ihnen dieses Buch geholfen hat, ein tieferes Verständnis für die vielfältigen Möglichkeiten, aber auch für die Herausforderungen des Metaverse zu entwickeln. Wir sind dankbar für die Gelegenheit, unsere Erfahrungen und unser Wissen in diesem faszinierenden Bereich mit Ihnen zu teilen.

Unser Praxisbuch soll ein Wegbegleiter für Ihre Reise in die nächste Evolutionsstufe des Internet sein. Es hat Ihnen die Grundlagen und Zusammenhänge gezeigt und Sie hoffentlich mit zahlreichen Praxisbeispielen und strategischen Ansätzen inspiriert, das Metaverse für sich und vor allem für Ihr Business professionell zu nutzen und davon zu profitieren. Sie haben nun das Rüstzeug, sofort selbst aktiv zu werden.

Bedanken möchten wir uns bei unseren Familien, Eltern, Partnern und Wegbegleitern, die es uns ermöglicht haben, viel Zeit in dieses Buch zu investieren, allen voran Barbara, Louis und Julius, Violetta und Rosa sowie unserem »Metaboys-Sparringspartner« Michael. Dank auch für die Offenheit und professionelle Unterstützung des GABAL Verlags, dieses Thema aktiv aufzugreifen und nach dem Einstiegsbuch »30 Minuten Metaverse« gleich auch ein umfangreiches Praxisbuch zu veröffentlichen. Dies zeigt die Weitsicht, die das Verlagshaus hat, immer wieder neue und wichtige Themen zu verfolgen.

Wir hoffen, dass unser Buch einen wichtigen Beitrag zum Verständnis des Metaverse leistet und dazu, sein Potenzial voll auszuschöpfen.

Wir freuen uns auf Ihre Anregungen, Erfahrungen sowie Vorschläge und stehen für einen persönlichen Austausch sowie mit Rat und Tat gerne zu Ihrer Verfügung.

Quellenverzeichnis

1 https://the-decoder.com/the-metaverse-is-not-a-place-it-is-a-moment-in-time/
2 https://bit.ly/TonyParisiSevenRulesMetaverse
3 https://news.crunchbase.com/web3-startups-investors/
4 https://bit.ly/SmartphoneNutzungDeutschland
5 https://www.bloomberg.com/professional/blog/metaverse-may-be-800-billion-market-next-tech-platform/
6 http://citi.us/3zhqANz
7 Pervaiz, Faizaan & Goh, Christopher & Pennington, Ashley & Holt, Samuel & West, James & Ng, Shaun. Fear and Volatility in Digital Assets, 2020.
8 http://bit.ly/3X4trBL
9 https://www.sandbox.game/partnerships/
10 https://accntu.re/38DQzUf
11 https://mobilemarketingreads.com/fortnite-revenue-and-usage-statistics-2020/
12 https://bloom.bg/3m78FBo
13 http://citi.us/3zhqANz
14 http://bit.ly/3QX5gDL
15 https://cnb.cx/34SQJF7
16 https://bit.ly/3PXgPtN
17 https://medium.com/building-the-metaverse
18 http://bit.ly/3kFlWn3
19 http://bit.ly/3kFlWn3
20 https://bit.ly/3WMq4iq
21 http://bit.ly/3Y0AE7b
22 https://bit.ly/BMW-NVIDIA-Omniverse
23 https://www.vogue.de/mode/artikel/metaverse-fashion-week
24 https://vault.gucci.com/en-US/story/metaverse
25 https://bit.ly/3CzAw5A
26 https://www.strivr.com/customers/jetblue/
27 http://bit.ly/3JlQXXB

28 http://bit.ly/3Y0AE7b

29 http://bit.ly/3Y0AE7b

30 http://bit.ly/3Y0AE7b

31 http://bit.ly/3Y0AE7b

32 http://bit.ly/3Y0AE7b

33 http://bit.ly/3Y0AE7b

34 http://bit.ly/3HBZELY

35 https://bit.ly/3Do6t19

36 https://sneaker.de/news/nike-uebernimmt-sneaker-nft-studio-rtfkt

37 http://bit.ly/3wDj5xL

38 https://bit.ly/3im9XKi

39 http://bit.ly/3XLlaDN

40 https://bit.ly/3WWHwlc

41 https://bit.ly/3HjE3a1

42 https://bit.ly/3Y8e3ou

43 https://cities-today.com/early-version-of-seouls-metaverse-revealed/

44 https://cities-today.com/early-version-of-seouls-metaverse-revealed/

45 https://cities-today.com/early-version-of-seouls-metaverse-revealed/

46 https://bit.ly/FirstMetaverseMarathon

47 https://bit.ly/3ipfuQg

48 https://www.handelsblatt.com/28694960.html

49 https://www.rooom.com/metaverse-platform/metaverse-management-services

50 https://hbr.org/2021/05/how-much-energy-does-bitcoin-actually-consume

51 https://bit.ly/3vOmKsk

52 https://gtnr.it/3NMZmlU

Nützliche Quellen und Links

Alle wichtigen Links aus diesem Buch finden Sie auf unserer Website *www.metaverse-buch.de/links,* auf der wir regelmäßig Ergänzungen und Updates für Sie veröffentlichen.

Register

Die Autoren

Collin Croome

Collin Croome ist Internet-Pionier und Experte für digitales Marketing und Zukunftstrends wie das Metaverse.

Seit mehr als 30 Jahren berät und unterstützt der Agenturinhaber internationale Unternehmen und namhafte Marken bei der Entwicklung und Umsetzung ihrer digitalen Strategien und Kampagnen. In seiner Laufbahn verantwortete er mehr als 800 Digital-Projekte und konnte sich so einen unschätzbaren Erfahrungsschatz aufbauen.

Bereits im Alter von 19 Jahren machte sich Collin selbstständig und hat die digitale Revolution Anfang der 90er-Jahre bis heute aktiv mitgestaltet. Zehn Jahre arbeitete er für Apple als Multimedia-Evangelist, Trainer und Keynote-Speaker.

Er teilt sein Wissen als Strategie-Berater, Autor, Trainer und Keynote-Speaker. Seine Vorträge sind zukunftsweisend und zeigen die vielfältigen Möglichkeiten, die bereits heute bestehen und unsere Zukunft prägen werden. Dabei geht er sowohl auf die Chancen als auch auf die Herausforderungen und Risiken der Digitalisierung ein.

Individuelle Keynote Vorträge zu den Themen Metaverse, Zukunftstrends und digitales Marketing finden Sie auf seinen Websites:

www.metaverse-experte.de
www.croome.de

Christian Gleich

Christian Gleich ist als Berater sowie internationaler Speaker zu Themen rund um Blockchain, Web3, Tokenisierung und das Metaverse bekannt und blickt auf mehr als 25 Jahre digitale Expertise zurück.

Er ist Internationaler Botschafter der European Blockchain Association (EBA) und beschäftigt sich mit der Tokenisierung von Ökosystemen für Real Estate, Einzelhandel und Tourismus.

Zuvor besetzte er Führungspositionen in bekannten Medienunternehmen und Agenturen wie AOL, Verizon und Hyve, wo er innovative Projekte für Samsung, Nike oder die NASA leitete. Christian hält den Guinness World Record-Titel für den größten Produktlaunch aller Zeiten – gestreamt von der Raumstation ISS.

Die Konzeption, der Aufbau und die Skalierung von Communitys sowie der Fokus auf die Monetarisierung digitaler Geschäftsmodelle gehören zu seinen wichtigsten Stärken.

Er ist Futurist und Ökonom, der Entwicklungen im Bereich Digitalisierung, Innovation und Handel untersucht und praktische Anwendungsfälle für verschiedene Branchen entwickelt. Er hilft Unternehmen, ihre Zukunft zu gestalten.

www.christian-gleich.com

WISSEN TEILEN – MENSCHEN VERNETZEN

→ Im GABAL MAGAZIN

Aktuelle Themen und Trends aus Wirtschaft, Business & Karriere sowie persönliche Weiterentwicklung

Hochwertige Inhalte, praxiserprobtes Wissen und handfeste Impulse

Mehr zu unseren Büchern und AutorInnen

→ Auf Social Media

Spannende Einblicke in das Verlagsleben

Alle Infos rund um unsere neuen Bücher und unsere AutorInnen

Aktuelle Veranstaltungen, Gewinnspiele u.v.m.

Folgen Sie uns auf unseren Social-Media-Kanälen!

Schauen Sie vorbei!
www.gabal-magazin.de

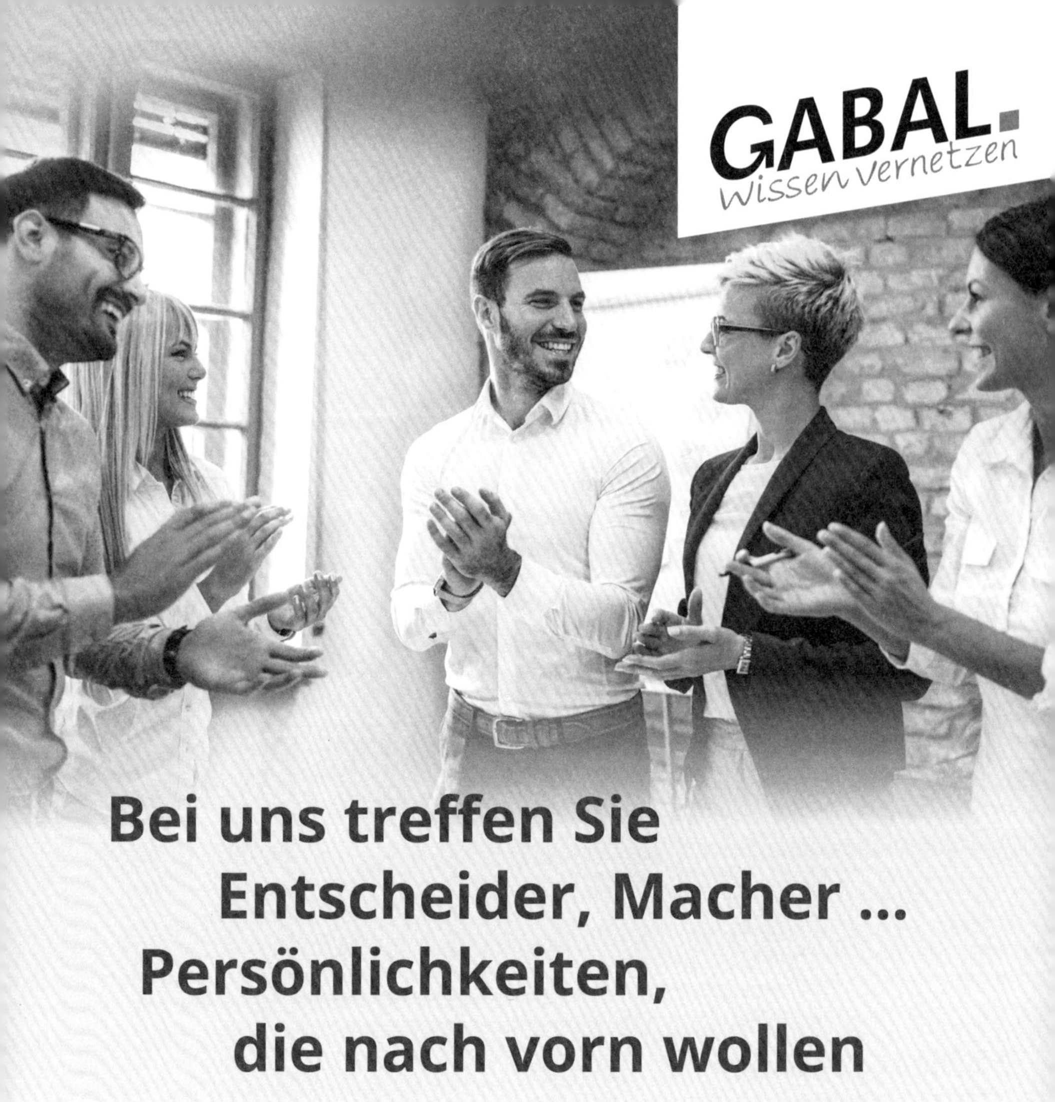